美在当下
形象管理

辰薇 —— 著

中国文史出版社

图书在版编目（ＣＩＰ）数据

美在当下，形象管理 / 辰薇著. –– 北京：中国文史出版社，2018.8

ISBN 978-7-5205-0499-7

Ⅰ.①美… Ⅱ.①辰… Ⅲ.①形象 – 设计 Ⅳ.①J06

中国版本图书馆CIP数据核字(2018)第198834号

责任编辑：卜伟欣

出版发行：中国文史出版社

社　　址：北京市西城区太平桥大街23号　　邮　编：100811

电　　话：010—66173572　66168268　66192736（发行部）

传　　真：010—66192703

印　　装：北京联合互通彩色印刷有限公司

经　　销：全国新华书店

开　　本：710mm×1010mm　　1/32

印　　张：5

字　　数：120千字

版　　次：2018年11月北京第1版

印　　次：2018年11月北京第1次印刷

定　　价：59.00元

序 言

写这篇序的时候，我正身处南方，借由此篇和大家分享一下出版《美在当下，形象管理》这本书的初心。

选择了一个专业，也选择了一份事业

从大学到今天一眨眼的功夫，感觉时间流逝地太快，还记得十几年前的我跌跌撞撞考进了人物形象设计这个专业。

直到我走进象牙塔那一刻我才知道，我选择了一个打造个人形象的专业，包括化妆造型、服装搭配等外在形象设计。我当时很兴奋，因为从小我就是家人眼中那个爱臭美的小孩。感觉自己对美的追求在这里有了用武之地。

记得大一的第一堂化妆课，我们的专业老师王珊的一席话对我影响很深。她说我们未来从事的行业是"化装"而非"化妆"。这两个词是她中戏的老师霍起弟先生提出的。那个时候我开始了解了我所学习的专业不仅仅是简单的化妆而已，而是全方位从头到脚的形象包装。那也是我第一次听到中国化妆界泰斗霍起弟老师的名字。多年过去，如今霍老师于我亦师亦友亦

榜样。

　　就这样我开始了自己懵懵懂懂的大学生活，那时候还没有形象管理的概念，我们称其为形象设计。当时在中国的综合类大学开设这个专业的并不多，中国传媒大学、北京电影学院、中央戏剧学院、上海戏剧学院、河北传媒学院等艺术类大学刚刚开设这门课程。也可以说我和我的同学们见证了形象设计在中国发展起步的阶段。

　　那时候在中国形象领域我们听到最多的就是于西蔓老师，那时候我们的科班教育也是从西蔓体系中剥离出来的专业知识进行学习。当时四季色彩正在亚洲国家风靡，我也很有幸踏着第一班形象列车学习了专业知识。那正是美学的第一代体系。

校园打开了另一扇门

　　人物形象设计专业毕业后，我又考取了中国传媒大学的播音与主持艺术专业，当时的想法很简单，不想这么快步入社会，对校园生活依旧充满留恋。对待校园生活我有着自己专属的情节，因为爷爷是老师的缘故，我从小就生活在校园里。

　　因此，大学毕业之后我并没有想太多便也走上了教育的道路。我的第一份正式工作就是在北京一所民办院校做一名培训老师。当时我负责教授化妆课程，我也成为了当时学校内唯一一位科班出身的老师。但是人生的第一次打击就来自于我的科班出身，本以为是优势，但开始工作才发现科班出身的我在专业技能方面和社会培训班存在着很大差距。社会培训班的效率和技能非常过硬，因此在那三年的从业经历中，我将自己的专业技能提高，同时深耕形象设计的专业学习。

　　当时我将形象设计的课程开展到了这家院校，让美业人有更多机会了解到形象设计。学生们也开始越来越喜欢我的课程，会觉得这位老师和其他单纯讲授化妆的老师有很多不同。

在此阶段，形象设计在中国的发展也在经历着全新的冲击与变化。传统的四季色彩已经不能满足所有人群的分类，系统中越来越多的问题，导致系统不得不进行升级。于是第二代美学体系诞生了。

这时候有了风格的深度定位以及色彩季型的扩充。从四季到八季再到后来的十二季型。形象美学在中国正经历着天翻地覆的革命。由简到繁的过程在继续。

走出校门，做自己

随着第二代美学体系的升级，我的工作也发生了质的飞跃。与一位朋友一起，在北京的国贸商圈做起了形象美妆学院。年龄并不大的我一时间需要拥有三头六臂，因为我必须负责学院的运营，处理从前台招生到教学再到网络推广的几乎所有问题。

在这家学院做管理的两年时间，我从一个名不经传的老师转型成为了执行校长。承受巨大工作压力的同时我也得到了前所未有的成长。任职期间我获得了很多渠道资源，承接了很多国内一线艺人委托的工作。对接了一些电视台活动和企业培训等项目。

这段经历让我打开了视野、提升了格局，发现形象设计专业可以很好地嫁接到美妆教育培训当中。那时候，我像打了鸡血一样卖力工作，充满创业的热情。然而，当时的形象设计在中国反而是低潮期。由于陈旧的系统不能满足现代人的需求，而第二代美学系统由于其多样性和复杂性，让很多咨询师学习之后难以复制与落地，更多形象咨询师是凭借感觉判断来工作，因此当时很多学习形象设计专业的人群都转型做起了美妆或者服装产业。形象设计一时被冷化萧条。

体验了一种舒适

也正是在这个阶段我发现自己怀孕并有了宝宝，于是我辞掉了工作。想好休息一下，但在我辞职不久后便接到了来自于北京财贸学院艺术学院院长杜莉老师的电话，电话中她问我愿不愿意到大学工作，她说以我的学历和专业能力正是目前高等教育院校形象设计专业很缺少的人才。杜院长说每周只需要坐班两天，其他时间弹性自由。我一想乐开了花，其实对于忙碌习惯的我突然休息下来真的很不适应，于是我选择了到大学执教。在这期间我可以充分照顾家庭和宝宝，就这样顺利度过了我的哺乳期。

这个阶段，国内的形象设计也滞留在第二代美学系统中进行过渡。

又一次被点燃的创业激情

在我宝宝两岁的时候，我接到了北京某经济公司负责人的电话，邀请我重操旧业为艺人做形象定制。我创业的激情和热情仿佛又被点燃。在大学执教的几年虽然安逸但是发现自己的专业技能在不断退化。不停地将自己掏空而没有新鲜的知识进入是一件很可怕的事情。

我经常和我的学生们讲哈佛大学对于幸福的认知。什么是幸福？幸福是今天比昨天有所成长，感受到每天成长的力量就是幸福。而在大学执教的这个阶段我觉得自己的成长速度十分缓慢。于是我又做出了事业上一次重要的选择——辞职创业。这一次我真正的下海了。

我建立了公司，创立了美在当下形象管理的品牌。我开始积极探索形象管理到底如何在中国落地，咨询师如何脚踏实地地解决客户问题。

与此同时第三代美学的量化系统在欧美国家已经相对完备健全，我也有幸接触到美学的第三代系统。相对于一、二代系统，第三代的升级带来了全新的色彩风格场合视觉革命。同时与大数据的链接真正实现了形象美学的数据化系统化与科学化，实现了美学的系统落地。

使命促使我再次出发

在多次与台湾形象专家李昀老师及海外的一些形象圈朋友的交流中，让我愈发意识到要将第三代美学的量化系统及 ABC 形象管理在中国大陆进行推广，让内地更多的美业人了解学习到国际最为先进的专业美学知识。

于是 2016 年初，一个念头油然而起，我要将形象管理的概念推送给美业人。那时候更多的人听到的都是形象设计，停留在 design 的阶段，但是我更希望传递的是 management 的管理概念。因为在我看来，形象管理如同资产管理一样重要，没有经营就会缩水贬值。而形象的缩水贬值带给你的"负债"可能更为惨重。

在美业摸爬滚打这些年，发现很多人身为美业人自己却没有好的美商。对于站在时尚前沿的美业人而言，如何在时尚流行的元素中找到适合自己的，其实并没有那么容易。

美学的本身和时尚并没有太强的关联，因为美学是相对稳定的知识体系，是有科学的逻辑和规律的，而时尚流行是瞬息万变的。因此，我们需要做到的是在纷繁的流行元素中快速找到适合点。

我希望可以把我积累的知识及工作经验分享出来，培养出更多优秀的具有美商的美业从业者。

美在当下启动了

就这样在 2016 年初，美在当下的首届教练班课程启动。课程一经推出得到了同行业的高度认可和好评。从 2016 年到 2018 年两年的时间，美在当下得到了中华全国总工会、清华大学、中国传媒大学、河北传媒学院、北京财贸学院、华辰教育、IMA 教育联盟、国栋造型等平台的大力支持。

目前美业的师资力量明显短缺匮乏，且缺少相关标准。美在当下顺应市场大潮，推出的师资班课程恰好利用形象管理 ABC 的标准对美业从业者及管理者进行标准化的要求。从外在形象到气质修养、学识、眼界以及语言沟通、表达演讲能力等方面进行全方位的培养，输出美业优秀师资力量，助力美学繁荣发展。

一生助力美学教育

原北大校长蔡元培先生指出："美学教育应放在基础教育的首位。"我非常认同。

如我一般八零后的孩子，几乎从小听着父母在说"不要和爱臭美的孩子一起玩""就知道臭美怎么能好好学习""臭美的孩子都是不务正业"等，似乎爱美的孩子就一定没有思想。我们从小被教育成为要做一个内心善良外表并不重要的孩子。于是成年后，很多女孩子会发现自己虽然成绩优秀工作不错却唯独欠缺审美能力，因此错失了更多发展的机会。

我学习了大概三年的心理学相关知识，渐渐发现美商的欠缺对个体成年后的发展危害可能远远超过了我们可以想到的。如果在童年我们所受到的教育是排斥美的，成年之后就必定需要面对这样的人生课。

我曾经有一个学生特地从日本赶回北京找我学习，在我得知她需要请假，我劝她在休假的时候再过来学习，以免造成不必要的损失。她的态度非常坚决，请假也要学习。几次攀谈之后，我才知道，她的原生家庭给与她的教育是及其严格且排斥美商的教育。父母都是高干，从小对她的教育就是女孩子内心美就好了，外在不重要。导致她成年后一直自卑于自己的形象，且完全不会穿衣搭配，更夸张的是，她不能分辨什么是美丑，有时候买些品牌包包衣服搭在自己身上竟被人认为是假货。30 多岁还没有谈过男朋友，她几乎苦闷到抑郁。和她截然相反的是自己的表妹从小学习成绩没有她好但是美商很高，因此表妹从小就特别自信，一直在学校担任晚会主持工作。高中毕业考入了中国传媒大学，毕业后进入某电视台工作，并且在适当的年龄结婚生子，享受着一个女人该有的美好生活，这让她好不羡慕。在我对她几番的开导下，她开始意识到自己的问题出现在童年对美商教育的忽视。在形象管理课程的学习后，她开始重新找回自信，学会绽放自我，迎来了人生事业的全新转机。

从事这些年的美学教育工作，从开始的喜好到现在的责任和使命，我帮助过越来越多的女性通过借助形象管理走出困境、活出自我，这让我越发感受到自己的事业是如此美好。借由这本书，我希望可以引领帮助更多女性找到自我、尝试改变、跨越舒适区，活出更美、更优雅、更自信的自己！美在当下立志影响 1 亿亚洲女性美商觉醒，让更多的女性因为邂逅形象管理而遇见更好的自己。

我希望美在当下可以引领更多的新未来女性。能打动人的从来不是花言巧语，而是恰到好处的温柔，真挚的内心，长情的陪伴，若岁月静默安生，时光亦会温柔以待，种植一份初始的心愿，在心之处，让美生根发芽。

辰薇

2018.9.10

Contents 目录

Part 2

形象四维美学的诞生
▌美学是鉴赏和选择的科学

Part 3

色彩定位
▌形象管理——色彩定位

Part 4

色彩心理学

▊ 色彩心理学

Part 5

风格诊断

形象管理——风格诊断

Part
6

美学营销

▌美学营销

第 **1** 章

形象的秘密

莎士比亚曾说过："即使我们沉默不语，我们的服饰与体态也会泄露我们过去的经历。"随着我国经济水平稳步提高，人们参与的社会活动越来越丰富，而第一印象的形成往往是由视觉形象来完成的。如何用得体、悦目的形象来表达自身优秀的内在素养，是很多人都面临的问题。

IMAGE

THE SECRET OF IMAGE

建立美学气质名片

美，不是肤浅的漂亮，
而是审美观与内涵的综合体现，
是商务、社交、休闲不同场合的得体形象的表达。

ABC 原则

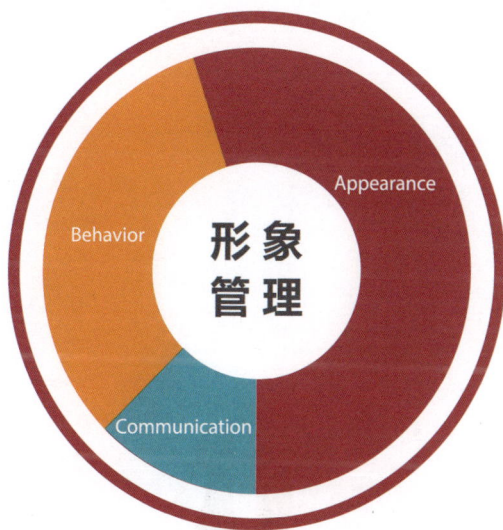

形象管理的范畴：

A appearance　　　外在形象

B behavior　　　举止行为

C communication　　沟通表达

形象管理区别于传统的形象设计，包含外在形象的管理、举止行为的管理以及语言沟通力的管理。

　　这些年从事形象管理的工作，发现很多人对于形象管理的概念极其片面，很多人对于形象的概念仍然停留在传统的形象设计阶段，认为形象就是指外在的造型。其实不然，形象管理在今天已经告别了传统的外在形象打造的浅表层。因为好的形象一定是由内而外的整体。外在形象，礼仪修养，内在心理，举止行为以及语言表达都是你的个人形象。这些形象汇聚在一起形成了完整的个人形象。因此想要建立好的形象就应当从 ABC 三个方面着手。而 ABC 原则刚好与世界形象协会公布的 55.38.7 原则不谋而合。

首因印象
——闻名世界的 55.38.7 形象原则

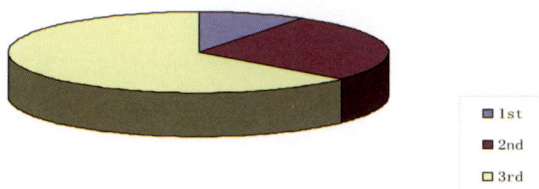

所谓的 55.38.7 原则，即首因效应。它指的是人与人在第一次交往时给人留下的印象，在对方的头脑中形成并占据了主导地位的效应，因此又称"第一印象效应"。在首因效应中，ABC 三方面的比例分布为：

A appearance　　外在形象在第一印象中占据 55 分

B behavior　　　举止行为在第一印象中占据 38 分

C communication　沟通表达在第一印象中占据 7 分

由此可见，我们希望管理好个人的形象需要从以上三个方面着手，因此形象管理是一个阶段性循序渐进的过程，不是一天两天就可以改变的。

如今，大家了解了形象的重要性，也越来越重视形象。

对于什么是形象管理这一问题的回答有很多不同的答案，有人认为是服装搭配，有人认为是妆容塑造，有人认为是发型整理，也有人认为是形体训练等。其实这没有对错，只是视角不同。熟悉服装的人首先想到的是服装搭配，熟悉化妆的人首先想到的是妆容，熟悉发型的人首先想到的是发型。

如果自上而下全身形象的视角来看，不论服装、妆容还是发型，这些都只是个人视觉形象的局部，个人视觉形象管理应该包括服装搭配、妆容、发型等各方面局部因素的综合。

形象管理的三重境界

一个人的形象，是别人接触和感知你最直接的方式，也是公众衡量评价我们最基本的途径。个性化的风格是我们形象管理的最高目标。要达到这种目标，我们要经过从遵守礼仪、扬长避短到结合个人特征与风格的融合这三个步骤，只有从这三重境界成功跨越，才能打造出完美而又不失个性的形象。

形象管理的层级从审美水准角度，不论是服装搭配、妆容塑造，还是发型塑造，每一部分都可以根据层别划分，可划分为区域化审美水准，和国际化审美水准。所谓区域化是指审美水平不被普遍欣赏的着装效果，这里的国际化是指审美水平可以被普遍欣赏的着装效果。审美水平的高低取决于教育背景、生活经历、眼界、阅历等等。提升审美高度，需要长时间地学习、实践与熏陶。

▌和谐

和谐即是一个人的形象整体和谐统一。通俗地讲，就是我们的整体形象能够被人们所接受，且符合大多数人的审美认可。一个人的内外形象，做到和他／她自身的年龄、身份以及气场相符合，这是我们形象管理的第一重境界。

▌美感

遵循大众审美，做到各方面符合自己的身份，固然会使我们的形象得到别人的基本认可，但要打造个人更高层次的好形象，这还远远不够，还需要在此基础上进一步优化个人形象，关键是学会充分展示自身优势，巧妙掩饰自己的不足和劣势。一个人如果能够很好地掌握扬长避短的法则，便能使自身形象得到大大提升和改善。

▌个性

山本耀司曾经说过："穿衣服的最佳境界应该是，当你照镜子的时候，你看到的是自己，而不是衣服或时尚。"

作为形象管理的最高境界，是打造出属于自己的独特的个性美。在服饰颜色更加多样，风格更加多元的今天，我们不只是拥有了更多的选择空间。从另一个层面看，这也意味着，形象管理这个领域对我们提出了更高的要求。它不仅仅要求我们具备一定深度的审美水准，更需要我们了解和挖掘真实独特的自己。当我们能够以自己的风格、色彩为基础，结合自己的身份、年龄、具体场合，做到扬长避短，选择最适合自己且具有个人独特风格的元素时，我们就达到了个人形象管理的最高境界。

很多人觉得这一层最难修炼，其实最关键的是要找到你自己，找到你自己的风格。

构建女性的三商

作为女性，能够综合体现自身能力的，离不开三个标准，即智商、情商，以及美商。很多人对前两者很熟悉，殊不知美商已经成为继"智商""情商"之后构成人核心竞争力的又一大因素。它并不是指一个人的漂亮程度，而是一个人对自身形象的关注程度，对美学和美感的理解力，甚至包括一个人在社交中对衣着、仪态、言行、礼节等一系列涉及个人外在形象因素的能力。

IQ   EQ   BQ

智商

智商（Intelligence Quotient），简称 IQ，即智力商数，指的是个人智力测验成绩和同年龄被试成绩相比的指数，是衡量个人智力的数量化指标。美国斯丹福大学心理学家特曼教授最早提出了智商概念。

情商

情商（Emotional Quotient），简称 EQ，指情绪商数或情绪智慧，主要是指人在情绪、意志、挫折耐受力等方面的品质，其包括导商（LQ）等。科学地讲，人与人之间的情商并无太大的先天差别，更多为后天培养而成。情商概念与智商相对应。简单地说，情商是一个人自我情绪管理以及理解他人及与他人相处的能力指数。

▋美商

美商（Beauty Quotient），简称 BQ，全称美丽商数，它并非指一个人的漂亮程度，而是一个人对自身形象的关注程度，以及所展现出来的对美学和美感的理解与表达能力，还包括一个人在社交中对声音、仪态、言行、礼节等一切关乎个人外在形象的因素的控制能力。

一个人的美商，可以通过仪表、形体、言行举止等方面直接体现出来，它也是衡量一个人魅力指数的重要指标。质于内而形于外，仪表代表了一个人的品位和修养。只要留心观察，我们就会发现，那些文化修养高、气质好的人往往更懂得如何修饰自己的仪表形象。所以，得当的仪表不只是会穿衣搭配那么简单，还要与你美好的内在相得益彰。其次要有优雅的形体，很多人觉得一个人的形体是由自身的身体条件所决定的，难以改变。其实不是，既然我们能够管理自己的情绪，管理自己的形象，也同样可以管理自己的形体。关键就在于你的意志力，因为优雅的形体并非一日之功，而是持之以恒的结果。言行举止要得体，你的一言一行都能体现出你的修养。以上各个方面的结合，便造就了一个女人的美丽。

着装品位层级的架构

　　美学系统发展至第三代，着装已不再是满足单纯的色彩场合，更趋向品位层级的追求。我们对于外在形象的管理从四个方面着手，分别是色彩、风格、场合和品位。在传统形象设计教学的年代，着装看重的是色彩和风格。但是我们往往会发现，色彩和风格即使都穿对了，但还是欠缺一点内容，这就是与场合的结合以及服装品位。因此我经常打趣说："学习形象管理的直接效果就是可以让你将500 元的衣服穿出 5000 元的品位。"当人的价值感和服装价值感的品位相匹配，所表达的着装形象才会达到平衡和谐。我们将服装的品位层级进行了四个方面的定义，分别是素朴、高贵、优雅、简约。

▌穷

　　上世纪 50 年代，尚是一个艰苦朴素的年代，人们的服装大多依靠家庭制作。在当时，中山装是全国上下最普遍的服装。后来，人们在中山装的基础上，设计出了款式更为简单的人民装、青年装、学生装，样式呆板，缺少创新。到了60 年代初期，则为新中国历史上最艰苦的时期。受自然灾害的影响，棉花减产，棉布定量销售，人们极尽地节省布料，选择耐磨、耐脏的服装，满大街的灰、黑、蓝色，而服装样式更是不分季节、不分男女，

20 世纪 60 年代的中国，男女服装归于一统，女装趋向男性化

归于一统。

"文革"时期，军便服大行其道，黄军装、黄军帽、红袖章、黄挎包成了"时装"，不爱红装爱武装被女性奉为圭臬，许多人热切地向往着拥有一套绿军装。这一时期的服装，毫无时尚之个性，而仅仅是一种流行，一种近似狂热的信仰。可以说，中国女性服饰在60年代中后期以后实际进入了虚无状态，留下的是一片空白。"美"，变得很苍白。

富

随着市场经济的发展，人们的生活水平也在逐步提高，越来越多的人在购物时开始追求品牌。吃、穿、住、行，一律认定品牌。在他们看来，品牌的东西代表了信誉、质量和实力，当然，也代表了身份和地位。据统计，中国目前有很大一部分人群的着装停留在"富"的品位层级，他们十分注重服装的品牌效应，他们的理念是：品牌服装在设计、用料和裁剪上更为讲究，更具特色，通俗一点讲，就是更上档次。

贵

这里所谓的贵，指的是"贵气"。贵气十足的服装，穿上身会给人一种特别高贵的感觉，气场可能有点高冷，却别有一番韵味。

除了服装面料的挺括、奢华等要素，她们更喜欢用华丽奢靡的钻饰及珍珠饰品来烘托自己的服装品位层级

这类服装，除了要求面料挺括、奢华等，人们还喜欢用华丽奢靡的钻饰及珍珠饰品来烘托它的服装品位层级。它特别注重不同场合的选择。比如参加聚会的礼服，一般采用真丝、礼服缎、欧根纱等面料制成，讲究精致、富丽、风情等特点。而在日常生活中，则大多选择一些表现女性线条感的服装，材质以蕾丝、真丝、天鹅绒等为佳。色彩上往往选用一些富贵、有张力的色彩，大气的图案、曲线感强的图案，最得当的大花朵、花边装饰等，总之，要表现出穿着者高贵的气质和成熟的魅力。

▌雅

雅，即优雅。优雅这个词来自拉丁文"eligere"，为"挑选"之意。优雅的品位层级，带着比较浓郁的女人味，具有温柔、雅致、低调、娴静、柔弱、纤细等特点。它一般采用柔软、飘逸的面料，轻柔的色彩，曲线柔和、略微黯淡的图案，以及颇具凹凸感的造型。虽然这种轻柔又不张扬的风格看起来很容易驾驭，但它其实很容易变味儿，因为要穿出优雅，仅靠优雅的服饰还不够，还得有优雅的气质彰显它的灵魂。一般情况下，此类服装趋向于选择一些相对安静柔和的色彩，通过饰品的点缀来提升优雅的气质。

她们在着装上，更喜欢选择一些相对安静柔和的色彩，通过饰品的点缀来提升优雅的气质

不管是衬衫、T恤、大衣、毛衣，还是牛仔裤、踝靴，一般都是基础款、高品质，可以做到随意搭配无压力，可谓衣橱里的常青树

素

素的服装品位层级，其实是一种低调的奢华。在当今社会，一些生活阅历丰富，有一定灵魂追求或艺术追求的人，反而追求"返璞归真"，更喜欢穿着款式简单的无彩色系，如黑白灰色的服装。他们偏好素色，如禅服等富有艺术气息的服装。这是一种主观理智的风格，柔和含蓄、鲜明而不俗气、高雅而大方，体现的是稳重、矜持、简约的风格。这种风格接近于欧美风，主张大气、简洁，面料自然，舒适随意，款式简单但设计感很强。不管是衬衫、T恤、大衣、毛衣，还是牛仔裤、踝靴，一般都是基础款、高品质，可以做到随意搭配无压力，可谓衣橱里的常青树。简约派服装几乎不用任何装饰，信奉简约主义的服装设计师擅长做减法，他们总会把一切多余的东西从服装上拿走，而每一件简单极致的单品，往往都会穿出大气感。它使人们在降低品牌辨识度的同时，处于一种自在又不失格调的状态。

世界名画的背后其实都是经过精密的数学计算，最后才以优美的排版布局表达出理性和感性思维的完美融合

美学的结构性思维

从事美学教育这一路走来，很多人会问我美有标准吗？美可以定义吗？每个人的审美毕竟不同。多数人认为美是感性的代名词，趋近于感受。

首先美一定是有原则有标准的，否则我们就没有了判断的能力。那我们的判断又遵循怎样的审美观呢？我们今天的形象管理遵循的是主流价值的审美观。就像有些人会喜欢类似哥特文化、洛丽塔等小众的美，这些也是美，但这种美只是被小众人群所接受，不能代表社会大众或者主流人群的审美。而我们的形象管理是符合大众主流审美，在正确的社会价值观的前提下进行梳理打造的。

我们知道，世界名画的背后其实都是经过精密的数学计算，最后才以优美的排版布局表达出理性和感性思维的完美融合。同样地，美学也需要建立结构性思维，才能呈现出协调统一的美，这对于今天的形象管理而言尤为重要。而结构性思维的建立过程，就是我们的形象管理、服装搭配、色彩配合力图寻找理性和感性的平衡的过程。我们需要用理性的数据进行分析，用理性的色调图工具协助我们完成搭配平衡。而搭配的本身就是将理性和感性做调和，将冷色暖色做调和，将亮色暗色做调和的过程。

第三代美学的量化系统从数据、量化的角度出发，将美进行量化，进行面积配比，有效实现了色彩在人体的平衡配色。例如白种人的色彩驾驭度就更加广泛，而黑种人色彩驾驭能力偏弱，黄种人居中。从个人的面部对比度中我们可以数据化分析出个体的色差，从而实现强对比、中度对比、柔和对比的搭配效果。

美学与时尚

形象管理是解决喜欢与适合的问题

以不变应万变——相对不变

　　时尚的形成与生活观念和审美价值取向有关，一种美学观念经过具体的生活形式化可以转化为时尚，一阵时尚风潮经过抽象的理念化可以转化为一种美学。

　　现代时尚由少数人（设计师）的美学观念推动和诠释，而大多数追逐时尚者却不一定是理解此种美学观念的人，大多数人跟从时尚的心理机制，一是求新求异、喜新厌旧，二是从众心理、随大流。

　　因此，美学价值观是相对稳定的，符合主流审美的价值观。而时尚则是瞬息万变，流行易逝的。因此时尚是不停变换的，而美学原则是相对稳定的。美学可以将流行的元素按照适合自己的色彩风格场合进行搭配。因此美学与时尚是完全不同的定义。一个游戏的美学人才是可以将时尚的元素运用在自己的创作中实现美学价值的，而一个仅仅懂得时尚的人可能还距离美学很远。因此我们的课程也特别适合时尚买手、时尚编辑进行专业提升。美学者可以良好地驾驭时尚，但是时尚的人群很难真正理解美学。

　　这也是很多追求时尚的人，并没有变得"更美"的原因。其实很多人对于时尚的定位，并不是很清楚，或许她们连时尚是什么都不知道，只知道哪一款明星经常穿就跟着明星买，也不管自己穿上好不好看，是否适合自己的风格，自己是否又能够很好地驾驭住这种风格？只要是明星同款，就觉得自己立马变身为时尚潮人。这种盲目追求潮流的方式，一味地模仿只会让自己的品位变得越来越差，可见只有在遵循美学基础上，选择适合自己的才行。

视觉层面交流

　　形象美学首先包含视觉层面的交流，也就是我们通常用肉眼可见的部分。视觉层面的交流更为直观且具有更强的冲击力。视觉层面的管理包含服装、化妆、发型、饰品、美甲、仪态等。

形象美学的第二维度就是心理层面的交流。在长期受到的文化经历等不同的成长环境下，每个人对审美会有自己的不同认知。对于美的鉴赏力也有所差异。那么，是不是这样就意味着美是没有标准的呢？其实不然，形象美学意在打造符合大众主流价值观的审美。就譬如说讲到现在一些人喜欢在身上或面部打耳钉穿孔，那在这群相对小众而另类的个体中，这些行为方式所得到的结果算不算是美？当然也是一种美，是一种个性的美。但是这种美并不符合大众所能接受的主流价值观，因此它是个性的小众的，但我们不能说它是不美的。形象美学的意义在于通过专业的色彩风格场合搭配认知，让个体在不同的环境中拥有令人得体而舒服的形象举止。

积极健康的心态情绪是着装符合场合的基础。从专业的性格色彩属性出发，一般借助的是 DISC 性格分析测试来了解自己的内心对服饰的需求。

DISC 个性测验由 24 组描述个性特质的形容词组成，每组包含四个形容词，这些形容词根据支配性（Dominance）、影响性（Influence）、服从性（Compliance）、稳定性（Steadiness）和四个测量维度以及另外一些干扰维度来选择，要求测试者从中选择一个与自己最相符和最不相符的形容词。整个测验需要大约十分钟。这是一种被国外企业广泛应用的人格测验，主要用来测查和评估一个人的行为方式、人际关系、工作效率、团队合作、领导风格等。

管形就是管心

　　从事美业的经历，接触的案例越丰富，也越发让我感受到管形就是管心的真谛。很多人的着装问题不是来自于外在，而是源于内心。例如内心首先出现了卡点，认为这个颜色我肯定不能穿，那个款式我肯定不能穿等。对此我们应该树立相对化思维，不用绝对化思维去看待问题。比如有些人会觉得我不适合红色，选择的时候就完全避开红色，用一次失败否定整个颜色。对这类客户，我们要做的是引导对方注意什么色彩更适合自己。并不是所有的红色都不适合，红色有很多种，大红、玫红、粉红等。我们要做的不是全面否定红色，而是去留意什么样的红色适合你，什么样的红色不太适合你。否定色彩会给自己减少很多的可能性，因为在之前的生活经历中有过一些失败的案例造成了内心的障碍，从而屏蔽所有同类型妆面、发型或服装，也是这个道理。

　　也有很多人觉得：我只有怎样怎样之后才能提升自己的形象。比如想拥有更多的钱，减肥到理想的体重等，再去改变自己的形象。其实并没有什么合适或者不合适的时机，形象可以作为我们状态调整的切入口，由此带来的改变是意想不到的。在服装选择领域，没有什么是绝对不能穿或者禁忌的，重要的是通过形象美学的学习让自己可以学会通过量化系统帮助自己实现量化搭配从而穿对色彩和风格。

再比如即使是同样身材骨骼的两个人，由于性格也就是内在的不同，我们对其穿衣风格的打造也一定是不同的。因此今天的形象管理除了结合外在身高骨骼结构等进行设计，更重要的是结合内在状态和个体性格做私人化的定制。有些人虽然骨架偏大，量感也偏大，但是可以根据不同的性格打造更加优雅知性或生动活跃的方案。同样的问题，小骨架小量感的人，如果性格状态完全不同，我们对其打造的形象方案也应该不同，可以文静淑女，也可以活泼有趣。

我们要了解内心的需求与自我的性格，在形象管理上就能游刃有余了。

形象管理系统升级

美学的三代发展史

1998–2003 年

第一代　四季色彩

色彩在信息化的时代，我们需要将色彩运用到不同的领域中，准确地表达和记录色彩的信息。

在我们现实生活中，服装的色彩对我们的形象起着非常重要的作用，它能提高你的外形魅力和你综合素质的分数值。所以我们要牢牢地掌握它，合理地运用它。

"四季色彩理论"曾经是国际时尚界十分热门的话题，它由被誉为色彩第一夫人的卡洛尔·杰克逊提出，并迅速风靡欧美，后由佐藤泰子女士引入日本，并研制成适合亚洲人的颜色体系。1998 年，该体系由色彩顾问于西蔓女士引入中国，并针对中国人色特征进行了相应的改造。"四季色彩理论"给世界各国女性的着装带来了巨大的影响，同时也引发了各行各业在色彩应用技术方面的巨大进步。

"四季色彩理论"的重要内容就是把生活中的常用色按照基调的不同，进行冷暖划分和明度、纯度划分，进而形成四大组和谐关系的色彩群。由于每一组色群的颜色刚好与大自然的四季色彩特征相吻合，因此，就把这四组色彩群分别命名为"春""秋"（暖色系），和"夏""冬"（冷色系）。

肤色的冷暖色调

呈现暖色调的肤色　　　　　　呈现冷色调的肤色

科学研究表明，就像自然界的一切生物都有自己的颜色一样，我们的身体也是有颜色的，我们体内与生俱来具有决定性作用的是核黄素——呈现黄色；血色素——呈现红色；黑色素——呈现茶色。核黄素和血色素决定了一个人肤色的冷暖，而肤色的深浅明暗是黑色素在发生作用。我们的眼珠色、毛发色等身体色特征，也都是这三种色素的组合而呈现出来的结果。在看似相同的外表下，我们每个人在色彩属性上是有差别的。即使晒黑了，脸上长了些瑕疵，或者皮肤随着年龄的变化逐渐衰老，我们每一个人也都不会跳出既定的"色彩属性"。

　　"四季色彩理论"是根据人与生俱来的肤色、发色、瞳孔色为依据，对色彩体系进一步的详分，分别被命名为春、夏、秋、冬四大体系。每个体系中的色彩群和谐容易搭配，每个人都可以在四季色谱中找出自己的最佳装扮用色。

　　对色彩冷暖基调的认识，是四季色彩划分的重要依据。人们发现，暖色系基调是黄的成分多，冷色系基调是蓝的成分多。

　　我们知道，人的身体色的特征是受血红素、胡萝卜素、黑色素的影响而呈现出来的，血红素和胡萝卜素决定了一个人肤色的冷暖，而肤色的深浅明暗是黑色素在发生作用，因此，把一个人的皮肤、眼睛、头发等身体固有色与四季色彩特征联系起来，就能找到协调搭配的对应因素，从而使人看起来和谐而美丽。对身体色特征冷暖的理解和学习是掌握个人色彩诊断技巧重要的第一步。

四季型人测试

1. 你的头发是怎样的？
A. 浓、厚、硬，乌黑发亮或芝麻色
B. 稀、薄、软，棕色偏黑
C. 浓、厚、硬，褐棕色或黑芝麻色
D. 稀、薄、软，棕色偏黄

2. 你的眼睛是怎样的？
A. 明亮、目光犀利、有距离感
B. 温柔、沉稳、有亲和力、不明亮
C. 不明亮、沉稳，甚至蒙上了一层雾
D. 明亮、可爱、有亲和力

3. 你的皮肤是怎样的？
A. 苍白、偏黄，没有红晕
B. 苍白、薄、偏黄
C. 棕色、光滑、厚实
D. 薄而透、容易脸红、过敏

4. 你的唇色是怎样的？
A. 偏玫瑰色
B. 偏旧、发乌、苍白
C. 偏旧、发乌、色素深
D. 偏橘红、鲜艳

A 多，你可能是冬季型人
B 多，你可能是夏季型人
C 多，你可能是秋季型人
D 多，你可能是春季型人

春、秋季节型为暖色调人，夏、冬季节型为冷色调人。

▍四季色彩之春季型人

一、春天的色彩联想

生机、活跃、萌动、青春、阳光、明媚、热情、明朗、万物复苏、百花待放、粉嫩、明亮、鲜艳、俏丽、充满生机。

二、春季型人的印象

春季型人给人的第一印象大多是有一种阳光抚育的明媚，白皙光滑的脸上总是透着珊瑚粉般的红润，明亮的眼睛好像永远都显露出不谙世事的清纯。她们是生活中最具快乐和靓丽的一族，正如大自然春天带给我们的欣悦一般，春季型人是朝气而充满活力的。

三、春季型人的身体色特征

1. 肤色：浅象牙色，粉色，肤质细腻，具有透明感；脸上呈现珊瑚粉色、鲑鱼肉色、桃粉色的红晕。

2. 眼睛：眼珠呈明亮的茶色、黄玉色、琥珀色，眼白呈湖蓝色，瞳孔呈棕色。

3. 眼神：活跃，有如玻璃珠般透亮、灵活，感觉水汪汪的。

4. 瑕疵：雀斑明显。

5. 毛发：呈柔和的黄色、浅棕色，明亮的茶色。

6. 嘴唇：呈珊瑚红色、桃红色，自然唇色较突出。

四、春季型人的性格特征

【积极的方面】思维活跃、有朝气、充满活力、灵活

【消极的方面】急躁、不切实际、张扬、善变、不踏实

春季型人的服饰色彩特征：

春季型人属于暖色系。身体色特征与春季花园里常见的新绿、嫩黄、暖粉的色调相吻合，适合穿着以黄色为基调的各种明亮、鲜艳、轻快的颜色。如浅水蓝、亮绿、暖粉色。使用颜色时，可采用对比色调，两种或两种以上的颜色在身上可同时出现。穿衣原则是一年中都穿属于自己的明亮浅调有温暖感的颜色，大体可分为两种感觉：一种是发白发浅的淡色，一种是鲜艳明快的亮色。前者纤细、可爱；后者给人活泼、好动、年轻的感觉。应回避冷暗色调，避免穿着黑、深灰、藏蓝等深重色调。

春季型人的化妆用色：

化妆品要选择明亮、轻快的暖色系。适合清薄透明的妆面，最好选用浅象牙色的粉底，忌用泛蓝的玫瑰色系列。眼影色采用明亮的浅金棕色系列和金黄色，再把黄、绿作为点缀色涂在眼角处，会很有特点。口红、腮红适合珊瑚粉和橘红系列。

春季型人的妆面特征——清凉、活泼、明艳。

春季型人一年的用色技巧

春——以黄色为基调。

春季型人的用色范围

象牙色、奶黄色、哔叽色、浅驼色、驼色、棕金色、暖灰色、灰蓝色、亮红色、洋红色、深银粉色、浅银粉色、深桃粉、桃粉色、浅桃粉、浅杏色、杏色、橙色、亮黄色、鹅黄色、浅亮黄绿、亮黄绿、深亮黄绿、艳蓝绿、浅凫色、绿松石蓝、深紫蓝、浅紫蓝、亮蓝色、亮紫色。

组成春的色彩是一群清澈、鲜艳、靓丽、透明的、带黄调的暖色群，它象征着春天的清新和朝气，春季型人在这一组轻快、明丽的服饰色彩的映衬下，会显得神采奕奕。

春季型色本中的前8块颜色为基本色，驼色、亮黄绿色、杏色、浅水蓝色、浅金色都可以作为主色，是大衣、套装、鞋和包的常用色；后22块颜色为艳色，可与前8块基本色搭配，也可根据色彩顾问的建议做时尚套装或其他服装。

亮黄绿色上装短裙，内配象牙色低胸圆领衫，淡黄绿色与浅黄色相间的小丝巾系于颈间，在春的气息中自然流淌着春的妩媚。反之，错误的搭配效果：因为自己白，便以为穿纯色、深色的衣服能衬托自己的肤色，这种浓重的纯色和深色，恰恰会显

出一张没有血色的脸，失去应有的生机与活力。记住春天的色本中没有黑色，您可用较重的蓝色、棕色、驼色来代替。

春季的理想发色金黄、淡红、浅褐色或中褐色、带金黄橙色成分、蜜色或铜红色，染发时注意保留其基本色，色泽清淡鲜亮，头发不适合染成黑色。

春季型人的妆容：

粉底：暖色系，带黄调的颜色，如象牙色、淡黄色、杏色，柔和的米色、桃色，不适合玫瑰色；

眼影：各种大地的颜色，象牙色、浅金色、橙色、绿松石色、鲑肉色，杏黄、浅棕、干净浅淡的黄绿色；

眼线：褐色；

眉毛：浅棕色、棕色；

口红：珊瑚色、橘红色、桃红色、浅棕红色

胭脂：珊瑚粉色，清新的橙红色；

唇膏：珊瑚粉色、桃红色、番茄红、鲑肉色、橙色；

指甲油：橙色、金色、浅绿色、鲑肉色。

春季型人的化妆要点：保留自身皮肤天然优势，粉底薄而透明为宜，眼影浅淡柔和，突出睫毛，强调口红，橘色，桃红色口红为佳，妆面淡而干净。

春季型人的配饰用色：

眼镜：金属镜架，棕色、金黄色或桃色、肉色的塑料、兽角镜架，镜片用棕色或黄色。

珠宝：金属饰物最好是黄金、金色的饰物，若是珍珠，象牙色最好，宝石最好是钻石，黄玉、猫眼石等为基本色的宝石。

配饰：春夏两季适合象牙白色、米白色、浅灰褐色、亮棕色等，秋冬两季配以中棕色、棕黄色、皇家蓝色等。

丝袜：象牙色、肉色、驼色、浅棕色、浅灰色，不要使用灰色和色彩太浓的颜色。

春季型人的色彩搭配原则：

春季型人适合浅淡的、轻柔的、明亮的颜色；

春季型人适合的白色是泛黄色调的象牙色；

春季型人最适合的柔美颜色是浅鲑肉色、桃粉色，可充分表现女性的温柔；

春季型人选择驼色时应为浅驼色，可与浅蓝色、浅绿松石色相配；

春季型色本中没有黑色，但可用色本中较重的蓝色或棕色、驼色来代替；

春季型的年轻人适合用象牙色、浅绿松石、暖玫瑰色及杏色等做正装；

春季型人的外套适合用暖灰色、金棕色、棕金色等；尤其是在秋冬季节，但是要注意颜色不要太深重，可与浅绿松石或清金色相配；

春季型人的蓝色要选择有光泽感的色调，忌用黑色、藏蓝色、深灰蓝色、蓝灰色；穿蓝色时与暖灰色、黄色系相配为最佳；

春季型人在选择灰色时应选择浅暖灰色和中暖灰色等有光泽、带有明亮感的灰色，与桃粉色、浅蓝色、奶黄色相配最佳；

春季型人可以广泛使用的颜色是明亮的、轻柔的黄色；

春季型人使用橘色系列和浅蓝色、浅鲑肉色、浅驼色以及象牙色相配效果较好；

春季型人在选择红色系时不要过于纯正，最好偏橙色、橘色一些；春季型人在选择紫色时，要尽量挑选与色本一致的、有黄色调感觉的紫罗兰色。

春季型人的色彩搭配误区：

春季型人的肤色较白，对颜色的适应面比较广，但是他们的皮肤总体色调是偏黄色的，所以对有凉爽感的冷色调的颜色并不适用。纯黑色、纯白色、冷灰色、藏蓝色、正红色、冰粉色、洋李紫色的着装都无法突出春季型人的活泼、俏丽的个性特征，所以在选择蓝色、红色、灰色、紫色、粉色时，建议对照理颜色彩的色本进行购买。

佩带银色饰品会显得生硬、廉价。

穿黑色、冷灰色、深蓝色的丝袜会使穿着者的腿部看起来与上半身极不协调、有割裂感。

四季色彩之夏季型人

一、夏天的色彩联想

秀丽、轻柔、淡雅、清静、温婉、飘逸、亲切、恬静、清新、安详、柔美

二、夏季型人的印象

夏季型人大多温柔、贤淑，文静的脸上，往往呈现出玫瑰粉的红晕，宁静、柔和的眼神仿佛永远都在诉说着安稳而平静的生活，她们是最具女人味的一族，炎热的夏天带给我们的是对凉爽的渴望，而夏季型的女人便会给我们一份远离浮躁的清凉。

三、夏季型人的身体色特征

1. 肤色：柔和的米色、小麦色、健康色、褐色；脸上呈现玫瑰粉的红晕，容易被晒黑。

2. 毛发：柔和的深棕色、褐色、柔软的黑色。

3. 眼睛：眼珠呈现深棕色、玫瑰棕色，眼神柔和。

4. 嘴唇：发紫、发粉。

四、夏季型人的性格特征

【积极的方面】温柔、亲切、安静

【消极的方面】缺乏个性、矜持、压抑

夏季型人的服饰色彩特征：

最贴近夏季型人体色的色系是常春藤色、紫丁花色和夏日海水、天空的颜色。适合穿着各种深浅不同的发白、发旧的蓝色和紫色，适合以蓝色为底调的柔和淡雅的颜色，这样才能衬托出她们温柔、恬静的个性，比如磨砂、水洗、砂洗等面料。夏季型人适合穿深浅不同的各种粉色、蓝色和紫色，以及有朦胧感的色调。同时，夏季型人还适合穿可可色、玫瑰棕，与色彩群中的浅蓝黄、清水绿、淡蓝色搭配。若要穿红色，可以玫瑰红为主。粉色系也是您的最佳色系。为了不破坏夏季型人独有的亲切温和的感觉，在色彩搭配上最好回避强烈色彩反差对比，适合在同一色系里进行浓淡搭配，或者是蓝灰、蓝绿、蓝紫等相邻色系里进行搭配。

特别提示：夏季型人选择适合自己的颜色的要点是：颜色一定要柔和、淡雅。夏季型人不适合穿黑色，过深的颜色会破坏夏季型人的柔美，可用一些浅淡的灰蓝色、蓝灰色、紫色来代替黑色。夏季型人穿灰色会非常高雅，但注意选择浅至中度的灰，夏季型人不太适合藏蓝色。

夏季型人的化妆用色：

化妆品要选择清爽的冷色系。粉底宜选用偏玫瑰粉的冷米色，眼影最好用和服装一样的颜色，如浅蓝、浅紫、浅粉色。口红和腮红应统一在玫瑰红色系里变化。整个妆容都须浅淡。切记夏季型人不适合咖啡色系列。

夏季型人的妆面特征——清爽、柔美、知性。

夏季型人一年的用色技巧

夏——以蓝色为基调。

夏季型人的用色范围

乳白色、冷哔叽色、可可色、浅灰蓝色、浅蓝灰色、蓝灰色、深蓝灰色、中灰色、正红色、冷正红、浅蓝红、深玫瑰红、酱红色、冷棕色、紫罗兰色、玫瑰紫、热粉紫、蓝花紫、水粉色、婴儿粉、淡粉色、淡紫色、紫蓝色、天蓝色、淡粉蓝色、水蓝色、中绿色、苹果绿、清水绿、淡黄色……

组成夏季型人的色彩是一组轻柔、淡雅、沉静、浪漫的以蓝为底调的冷色群，犹如黄昏时分灰蓝、粉紫、酒红、幽蓝的云霞令人神往、迷恋。

夏季型色本中的前8块颜色为基本色，是大衣、套装、鞋和包的常用色；后22块颜色为艳色，可与前8块基本色搭配，也可根据色彩顾问的建议做时尚套装或其他服装穿用。

穿着颜色以轻柔淡雅为宜，您的最佳色彩为蓝紫色调，不适合有光泽、深重、纯正的颜色，而适合轻柔、和浑的浅淡颜色。正确搭配夏季型人的36色：在

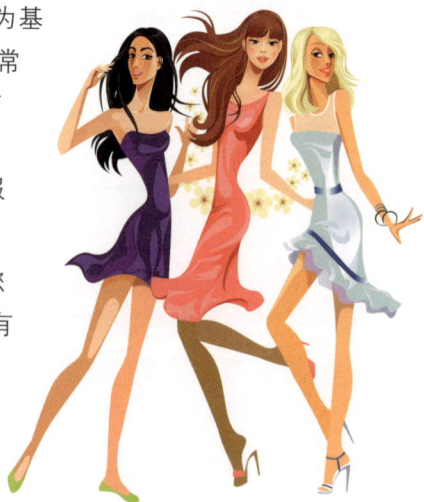

自己的 36 色中，以蓝灰、蓝绿、蓝紫等恬淡宜人的浅色系最佳。丝棉交织长袖紧身衫，配象牙白直筒形长裤；紫丁香花色套装，月色白皮鞋，蓝灰色套裙，配同色系手包；淡蓝色短袖套头衫，下配玫瑰棕色长裤。做配饰以灰蓝、云杉绿、兰花紫、玫瑰米色为最俏。材质以砂洗、针织、真丝面料最佳。晶莹剔透的玻璃，水晶质感的垂珠，长颈链魅力四射，但做工一定要精细，装饰感强。

夏季型人的理想发色偏银的金黄色或淡金黄色、微蓝红，不宜过暗，典型的夏季型适合漂色、染色和染发缕。

头发不适合染成黑色。

夏季型人的妆容：

粉底：冷色系，带粉红调的颜色，柔和的淡玫瑰色、粉色、米色，但是不要使用暖米色；

眼影：柔和、凉爽的颜色，像紫丁香色、烟蓝色、深蓝色、玫瑰色、以及灰色、肉色、紫色、烟灰色、粉蓝色、粉紫色、粉红色、灰绿色；

口红：粉红色、豆沙色、芋紫色、浅玫瑰色、藕荷色；

眼线：中度灰色、深蓝色、无光泽的暗紫色；

眉毛：浅灰色、深灰色、深蓝色、黑色、深褐色；

胭脂：不显眼的粉红色、浅玫瑰红色、水粉色、浅紫色；

唇膏：不显眼的玫瑰色、覆盆子色、柔和的淡粉色、粉色；

指甲油：淡蓝色、淡紫色、银灰色、淡粉色、玫瑰红色。

夏季型人的化妆要点：柔和的淡妆，强调眉毛的精致，眼影轻柔淡雅，口红不宜过浓，宜用偏玫瑰粉的冷米色，包括腮红也应统一在浅玫瑰红的色系中，总之夏季型人的妆面要浅淡透明。

夏季型人的配饰用色：

夏季型人的手提包和鞋的颜色不适合深色的，可以选择夏季型人用色范围中蓝色系、玫红色系的颜色。

眼镜：镜架选青灰色，银色，镜片用玫瑰粉色或深紫红色。

配饰：春夏两季配以乳白色、玫瑰褐色、亮蓝色、灰蓝色、藏青色等，秋冬两季配以藏青色、蓝灰色、深红色、红棕色等。

珠宝：金属饰物最好是白金和银色饰物等，珍珠最好是粉色、银白色的淡水珍珠等，宝石最好是蓝宝石、深红宝石、以蓝宝石等为基色的宝石。

丝袜：玫瑰褐色、浅灰、深灰、接近肤色的肉色，绝不要穿黄色系列的袜子。

夏季型人的色彩搭配原则：

夏季型人用以蓝色为底调的颜色最为合适。
这是因为她的身体色特征决定了轻柔淡雅的颜色才能衬托出她温柔、恬静的气质；

夏季型适用的白色是柔和的乳白色，适合夏天的各类服装；

夏季型人在夏天可以选用粉哔叽色、淡蓝色、淡粉色、浅葡萄紫色、薰衣草紫色，建议做衬衫、吊带背心、连衣裙；

外套适合用蓝灰色、深灰蓝色、玫瑰棕色、薰衣草紫色等单色织布；

不同深浅的灰蓝色、蓝灰色与不同深浅的粉色、紫色相配非常高雅；

正装适合穿淡蓝色、嫩粉色、柔薰衣草紫色、深酒红色、洋李

子色等长袖服装；

夏季型人可在淡绿松石蓝、紫蓝色之间做广泛的选择，适合衬衫、T恤、运动装、套装、大衣等；夏季型人穿粉色系列最出彩，深深浅浅的粉色相配可做正装、休闲装、毛衣、丝巾、头饰；

夏季型人对含有黄色成分的绿色比较敏感，建议选择深蓝绿色、中蓝绿色。

夏季型人的色彩搭配误区：

纯黑色、纯白色、藏蓝色、正绿色这些纯正饱和的颜色会破坏夏季型人身上柔美、恬静的女人味；

明亮的黄色、棕色、橙色、绿色中含有黄色的成分，会使冷色调的夏季型人的皮肤呈现病态，影响面部光泽，所以在选择黄色、棕色、红色、绿色时，建议对照理颜色彩的色本进行购买；

佩带金色的饰品，尤其是24K黄金饰品，无法凸显夏季型人雅致、清丽的一面；

穿棕色系的丝袜会破坏夏季型人的渐变搭配原则，加大反差。

▌四季色彩之秋季型人

一、秋天的色彩联想

太阳的柔光里坠落的秋果，华丽、浓郁、成熟、时尚、自然、温暖、浪漫、自信、知性、端庄

二、秋季型人的印象

秋季型人端庄而成熟，匀整而瓷器般的皮肤、沉稳的眼神给人一种处变不惊的平稳，她们是生活中最具都市品位的女性一族，正如大自然的秋天带给我们的浓郁、丰盈一般，秋季型人是华丽而富饶的。

三、秋季型人的身体色特征

1. 肤色：匀整而瓷器般的象牙色、褐色、土褐色、金棕色，脸上很少有红晕。

2. 毛发：褐色、深棕色、金色、发黑的棕色。

3. 眼睛：浅琥珀色、深褐色、石油色，眼神沉稳。

4. 嘴唇：泛白，一部分人为深紫色。

四、秋季型人的性格特征

【积极的方面】成熟、稳重、健康、乐观

【消极的方面】不够活跃、死板

秋季型人的服饰色彩特征：

秋季型人的服饰基调是暖色系中的沉稳色调。适合的色系是大自然秋季的颜色，就像深秋的枫叶色、树木的老绿色、泥土的各种棕色以及田野上收割在即的成熟色调。浓郁而华丽的颜色衬托出秋季型人成熟高贵的气质，越浑厚的颜色越能衬托秋季型人陶瓷般的皮肤。这些深色采用同一色系的浓淡搭配。当然，也可以在相邻色系里采用对比搭配来体现其独特的另一面。由于对深色运用自如，故秋冬最宜搭配。春夏时节，注意选择自然的麻色、浅黄、浅绿中偏暖的颜色，同样能穿出不一样的味道。过于鲜艳的颜色，会使皮肤显得死板、没有血色、缺乏生气。想突出自己的华丽感时，适合戴哑金色首饰，最好不要戴银色系首饰。

秋季型人较适合棕色、金色、苔绿色、橙色等深而华丽的颜色。金色、苔绿色也是秋季型人的最佳代表色，可将她们的自信与高雅的气质烘托到极致。另外，在服装的色彩搭配上，不太适合强烈的对比色，只有在相同的色相或相邻色相的浓淡搭配中才能突出华丽感。选择红色时，一定要选择砖红色和与暗橘红相近的颜色。秋季型人的服饰基调是暖色系中的沉稳色调。

秋季型人适合深深浅浅的驼色和棕色，穿棕色时配橙色系会让人显得充满活力。夏天的时候可以选择发黄的牡蛎色、暖米色、牛皮黄、浅杏色等浅淡轻柔的颜色。穿着绿松石蓝和袅色时，与金色和橙色搭配，会让你显得格外华丽和成熟。

特别提示：秋季型

人选择适合自己的颜色的要点是颜色要温暖，浓郁。秋季型人穿黑色会显得皮肤发黄，可用深棕色来代替。

秋季型人的化妆用色：

化妆时，粉底选用与肤色相同的颜色，突出皮肤的自然质感。眼影以咖啡色为基本色，也可配合衣服颜色使用苔绿色、泥金色、砖红色，会有独特的感觉。涂上棕红、砖红色系的口红、腮红，脸部会瞬间显得健康而有生气。

秋季型人的妆面特征——华丽、成熟、稳重。

秋季型人一年的用色技巧

秋——以黄色为基调。

秋季型人的用色范围

秋季型人属于暖色系，适合穿着以黄色为主色调的各种浓郁的、华丽的、自然生态的颜色。适合带光泽感的颜色。

秋季型色本中的前8块颜色为基本色，是大衣、套装、鞋和包的常用色；后22块颜色为艳色，可与前8块基本色搭配，也可根据色彩顾问的建议做时尚套装或其他服装穿用。

秋季型人的妆容：

粉底：暖色系、带黄调的颜色，如淡黄色、杏色、古铜色、柔和的米黄色、深象牙色，不适合使用玫瑰色的粉底；

眼影：各种大地的颜色、橙色、绿松石色、浅绿色、鲑肉色、赤陶色，杏黄色、褐色、古铜色、金色；

眼线：绿色、褐色；

眉毛：棕色、深棕色；

口红：橙红色、橙褐色、砖红色、铜红色、褐色系；

胭脂：杏黄色、赤陶色、桃色、砖红色、橙褐色；

唇膏：番茄红色、鲑肉色、橙色、铁锈红色、棕色；

指甲油：金黄色、橙色、象牙色；

头发的颜色：金红色、栗褐色、染发务必注意天然光泽。

秋季型人的配饰用色：

眼镜：镜架选深棕色、金黄色，镜片用褐色或暗橙红色、紫红色。

珠宝：金属饰物最好是黄金色或金色的饰物，珍珠选用奶油色或棕色，宝石选用琥珀玉石、黄玉等基本色的宝石。

配饰：春夏两季适合牡蛎色、淡灰褐色、亮棕色等，秋冬两季配以棕褐色、橄榄绿、红褐色等。

丝袜：淡灰褐色，偏黄的肉色，桂皮色，深咖啡色，不要用灰色和蓝色调的袜子。

秋季型人的色彩搭配原则：

秋季型人的着装以浓郁的金色调为主。

秋季型人适合的白颜色是白哗叽色；

秋季型人适合深色调发光的丝绸和锦缎；

秋季型人适合驼色系，可与橙色、米色、象牙色相搭配，在较正式的场合可以凸显秋季型人的成熟；

秋季型人表现时尚的感觉可选用凫蓝色、橙色与棕色系进行搭配；

秋季型人在夏天适合哗叽色、鲑肉色、深桃色、芥末黄色、绿玉色、麝香葡萄绿色；

秋季型人穿着深深浅浅的绿色十分出彩，苔绿色可做都市味道浓的毛衫，森林绿色可做正装；

秋季型人的晚装适合金色、绿松石色、橙红色，与金色的饰品相配，可凸显华贵。

秋季型人的色彩搭配误区：

纯黑色、纯白色、粉色、淡蓝色、玫瑰红色这些冷色调的颜色无法体现秋季型人的成熟、华贵，所以在选择蓝色、灰色、紫色、粉色时，建议对照理颜色彩的色本进行购买；

明亮的黄色、橙色等鲜艳的暖色调的颜色对于性格沉稳的秋季型人来说过于活泼、抢眼，会破坏秋季型人脸上瓷器般的光泽；

佩带银色的饰品，无法凸显秋季型人华丽、时尚、都市的一面；

灰色、黑色、白色的丝袜会破坏秋季型人的渐变搭配原则，加大反差。

▊ 四季色彩之冬季型人

一、冬季型人的色彩联想

个性、艳丽、冷峻、惊艳、坚强、自信、知性

二、冬季型人的印象

冬季型人外向而热情，明亮锐利的眼睛给你一种干练而张扬的印象，她们是生活中最出众的一族，正如大自然冬天冰与火的对立，冬季型人是敢爱敢恨和魅力十足的。黑发白肤与眉眼间锐利鲜明的对比给人深刻的印象，充满个性、与众不同。

三、冬季型人的身体色特征

1. 肤色：偏白、偏青底调，有光泽，从很浅的青白到暗褐色。脸上没有红晕。

2. 毛发：发质较硬，光泽感好，黑色、带红基色的黑褐色、深灰色、头发较早灰白是冬季型人的典型特点。

3. 眼睛：黑白对比分明，眼珠呈黑色、深棕色、黑褐色、榛子褐色或灰色；眼白呈冷白色；瞳孔呈深褐色、焦茶色、黑色；典型的是眼球虹膜外面有一灰色的圈。目光坚定、锐利、有神。给人以强烈的距离感。

4. 嘴唇：深紫色、冷粉色。

四、冬季型人的性格特征

【积极的方面】坚强、果断、直率、自信

【消极的方面】有距离感，缺乏温柔、亲切感

冬季型人的服饰色彩特征：

冬季型人色彩基调体现的是"冰"色，即塑造冷艳的美感。在四季颜色中，只有冬季型人最适合使用黑、纯白、灰这三种颜色，藏蓝色也是冬季型人的专利色。冬季型人适合纯正、鲜艳、有光泽感的颜色，除了适合黑、白、灰三种无彩色的颜色外，其他均为红、黄、蓝、绿、紫等纯白色和一组冰色系，在各国国旗上使用的颜色都是冬季型人最适合的色彩。可红、绿宝石蓝、黑、白等为主色，冰蓝、冰粉、冰绿、冰黄等皆可作为配色点缀其间。以强烈对比搭配来体现冷峻惊艳的魅力。冬季型人选择红色时，可选正红、酒红和纯正的玫瑰红。要避免浑浊、发旧的中间色。穿着深灰、藏蓝、纯黑等深色时，一定要有对比色出现，如果失去颜色之间或同一颜色之间的深浅对比，会显得黯然失色、毫无特色。若在颈间加一块鲜艳的纯色丝巾或衬衣领，配上银色系首饰，冷艳明丽的感觉立刻显现。

特别提示：冬季型人选择适合自己的颜色的要点是颜色要鲜明，光泽度高。冬季型人着装一定要注意色彩的对比，只有对比搭配才能显得惊艳、脱俗。

冬季型人的化妆用色：

应使用清澈、明艳、光泽感好的化妆色。眼影采用蓝灰、银色系列。口红、腮红用深玫瑰红、深酒红系列。可在眼影、口红上加荧光以体现时尚感。冬季型人适合明艳的妆色，忌用咖啡色眼影和黯淡口红，别试图用轻柔色彩冲淡自己的锐利感，那样会失去冷艳的魅力。

冬季型人的妆面特征——冷艳、时尚、个性。

冬季型人一年的用色技巧

冬——以原色为基调。

所谓的"原色"，也就是说黑，就要纯黑；白，就要纯白；等等，为原色。

冬季型人的用色范围

纯白色、浅银灰、中银灰、炭灰色、黑色、冷米色、藏蓝色、宝石蓝色、正红色、蓝红色、暗蓝红、倒挂金钟紫色、荧光粉、热粉色、深水粉、冰哔叽色、冰紫色、冰蓝色、冰绿色、冰黄绿色、冰黄色、正蓝色、中国蓝、热松石蓝、深紫色、墨绿色、正绿色、浅正绿、浅荧光绿、明黄色。

冬季型人属于冷色系，适合穿着以冷峻惊艳为基调的颜色，也适合色彩纯正、鲜艳、有光泽感的颜色，要避免轻柔的色彩。

以原汁原味的原色，如红、海军蓝、黑、白、灰等为主色调，36色中的冰蓝、冰粉、冰绿、冰黄等色皆可做搭配色点缀其间，深浅搭配，反差搭配，惊艳、脱俗、亮丽。

冬季型人的妆容：

粉底：冷色系、带粉红调的颜色，偏玫瑰的冷米色，不要使用暖米色；

眼影：蓝色、银色、松绿色、灰色系列、冰粉色、冰蓝色、冰绿色、冰黄色、紫色、宝蓝色；

眼线：黑色、灰色、深蓝色、紫色、深灰色；

眉毛：黑色、深褐色、深灰色；

口红：水粉色、酒红色、玫瑰红色、正红色；

胭脂：玫瑰粉色、艳丽的玫瑰红色、李子色、深玫瑰红色、水粉色、酒红色；

唇膏：艳丽的玫瑰红、深玫瑰红、蓝红色、酒红色、李子色；

指甲油：艳丽的玫瑰红、深玫瑰红、白色、紫色、宝蓝色、蓝红色；

发色：黄色，冰蓝色，冰紫色，紫蓝色是染发的用色系，当心红色，如果采用，必须选深色的红色系。

冬季型人的配饰用色：

眼镜：镜架选青灰色、银白色或黑色，镜片用蓝色、灰色、紫红色；

珠宝：金属饰物最好是白金和银色饰物等，珍珠最好是粉色、灰色、淡粉红色，宝石最好是蓝宝石、绿宝石、红宝石等纯正的饰物；

配饰：春夏二季配以白色、亮灰色、藏青色；秋冬二季配以藏青色、黑灰色、深红色、黑色等的饰物；

丝袜：淡灰褐色、灰色、藏青色及偏肉色，绝不要穿黄色调的袜子。

冬季型人的色彩搭配误区：

以咖啡棕色为主调，深驼外套配浅驼衬衣，咖啡色暖米色相间的套装，暗棕、焦棕色、暗番茄红、铁锈红长裙、长裤，完全违背了"冷"调；把自己偏白的肤色衬托得呈病黄色，给人的综合印象是成熟、老到，埋没了应有的亮丽。

2006—2013 年
第二代 季型的扩充及风格的出现

　　进入 2006 年，美学系统面临着迫切改革的问题。传统的四季色彩已经无法满足受众需求。各类型肤色、瞳孔色及发色的多样性目不暇接，因此在老系统的版本升级扩充到八季再到十二季。但是随着季型的显著增多和判断难度的提升，第二代美学体系相对难以被复制和真正的落地化。我发现，人们在服装上的需求与马斯洛需求的五大层级是相对应的。从人的需求层级看，时下的城市居民大部分已基本解决温饱。从生理安全需求，升级为对情感被认同及自我实现的需求层面。那么从着装的需求上说，经由简单的遮体这一基础需求，逐渐对功能如保暖御寒，舒适度的需求，进入对得体着装的需求，直至对个人形象风格的品位打造的重视。在着装上，品位即是从服装的细节、根据不同场合应用不同的搭配及搭配多样性来体现。

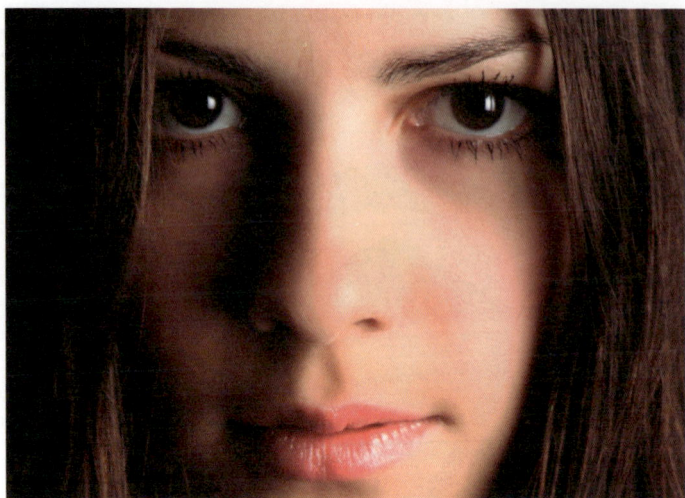

风格定位与季型的多样性

"人体是有颜色的"，这句话初听也许会吓你一跳，但的确，就像自然的一切生灵都有自己的颜色一样，我们的身体也是有颜色的。

颜色有与生俱来的，也有人工附着的。我们的体内有与生俱来就决定我们是什么颜色的色素，它们分别是：

核黄素——呈现黄色

血色素——呈现红色

黑色素——呈现茶色

核黄素和血色素决定了一个人肤色的冷暖，黑色素决定了一个人肤色的深浅明暗。而人体的眼珠、毛发等颜色，也是这三种色素的组合而呈现出来的结果。

2013—2015 年
第三代 人物量化美学系统的运用与形象四维美学的诞生

　　可落地、可量化、可复制的人物量化美学管理体系升成，最先在欧美国家推广盛行。也是目前国际色彩最为先进且科学落地化的一套体系。着力在打造受众的当下状态及常规状态前提下进行诊断再搭配。区别于传统诊断需要素颜等限制条件，人物美学的量化系统更落地，结合带妆面的前提下，怎样让服饰区配合面部色差进行搭配。掌握色彩数据与逻辑分析，理解视觉风格规划规则；掌握风格视窗管理工具，掌握为客户多套灵活搭配口诀，实践并运用色彩、风格，定位、诊断、搭配。建立量化美学系统逻辑，走出感觉误区，摆脱美学只可意会的尴尬；帮助形象顾问、咨询师、服饰搭配师重塑量化美学思维结构，分层次、分重点、分阶段地系统课程安排，确保求学者可循序渐进，让美学表达得更清晰，操作更容易，美学知识实现质的飞跃。

这三个时代，我们能明显感觉到人们对服装的不同需求跟心理定位。

第一个时代：买的是功能性，能穿就行。

第二个时代：买的是流行性，以我和大家穿的一样为荣，说明我跟上了时代的潮流；

第三个时代：个性的时代，以我和大家穿的一样为耻。我要走自己的路。

所以这是时代的变迁，我们不仅要分析风格个性，还要结合流行，而在以前你只要分析时代在流行什么就行。而我们现在要分析流行的同时，还要分析流行的东西是否适合自己。

随着大数据时代的来临，美学也迎来了量化系统的数理支撑。用数据理性分析美学，实现色彩面积在身体上的比例面积配量更为科学。区别于传统的形象理论，我提出形象四维美学的概念。从美学的量化系统生成到形象四维美学的实践运用，让美学走到了全新高度。

第2章

形象四维美学的诞生

"形象管理师"与"服饰搭配师"在国外时尚圈非常受欢迎，这是一个新兴的高薪的时尚职业。越来越多的服装品牌看到了服饰的整体搭配对品牌本身与消息者的益处，一站式的形象管家服务将是未来的市场需求。

据业内专家预测，日本拥有近40万职业搭配师，如果以人口比例计算，未来的中国最少应该具备100万专业的搭配师，而在我国这个职业领域才刚刚起步，未来前景甚好。

AESTHETICS

FOUR DIMENSIONAL AESTHETICS

美学是鉴赏和选择的科学

从美学的量化系统到形象四维美学的发展运用

随着美学发展进入到第三代体系，美学的量化系统生成。美学已趋向于成为鉴赏与选择的科学。

美学的本身就是鉴赏，是审美力的视觉化呈现。如何在纷繁的流行元素及碎片化时尚中获取选择搭配的能力，选择出适合客户的套系方案已成为形象美学的内核。

▌人物美学量化系统

你适合暖色调，就只能穿暖色调吗？

你以为只要是黑色都能显瘦吗？

你以为穿得像万花筒就代表青春活力吗？

你想用色彩转化你当下的情绪吗？

你知道自己挑的衣服直接反映出你的能量状态吗？

你想通过他人的穿着来分析对方的个性特点吗？

你想通过每天的穿衣打扮来疗愈自己的身心吗？

以上这些问题，人物美学量化系统都可以提供帮助，给出答案。作为一套可复制可落地可高效转化的第三代美学工具，人物美学量化系统就是对组成人物风格的元素进行分析，人物风格元

素会贯穿整个形象设计的全过程,这些元素会对发型风格打造,服饰风格打造产生最直接的影响。人物风格美学量化的支持系统为九型风格理论体系,包括可爱型风格、优雅型风格、浪漫型风格、时尚型风格、柔美型风格、华丽型风格、纯洁型风格、知性型风格、现代型风格,这个系统还是发型风格、服饰风格的量化系统。

　　毋庸置疑,未来的美学将更科学化,且以数据为指导实现人类历史的美学数据化。传统的感性美学正在向理性的方向靠近。

美学的量化系统生成和形象四维美学的诞生

色彩　风格　场合　品位

　　"美学的量化系统"出于对各产品形象行业的升级考虑，把美学进行结构性、数据化处理，使美学从一个概念、一种感觉，变成一种可以实施落地的方法和手段。把美的表达做成有逻辑关系的、可以管控的、易实现的数据处理，并渗透到以服饰为代表的各行各业中去，从而有效地避免各环节的浪费，提高效率、美化环境、造福消费者和社会。目前，第三代美学的量化系统体系是欧美、日韩、中国最新的形象管理体系。

　　与此同时，形象四维美学的诞生迎来了美学的巅峰时代。

　　何谓形象四维美学？即从四个维度对美学进行剖析分解。我们知道传统的形象设计研究的范畴在于色彩和风格。而形象四维美学对所研究的范畴拓展到了场合和品位。因此四个维度分别是色彩、风格、场合、品位。

　　近年来，国人对场合着装的认同感极高，因此服装品牌公司纷纷从传统的风格定位转型为场合定位。相较于美学其他三个维度的随意性，场合着装的要求更为严苛。西方人最早提出这一概念时，是将它作为一种服饰穿戴的原则，即完美的着装必须考虑三个要素：时间、地点和场合（或目的）。场合着装就是根据这三个要素来进行服饰搭配，打造出完美形象。它主要根据场合（或目的）的不同，分为职业类、休闲类和正式社交类三种类型。其中，职场着装又分为严肃职场和非严肃职场着装，前者的服饰搭配主要表现冷静、严谨的形象；后者则要求职业感和亲和力交融，以表现出友好、开放的形象为宜。休闲着装则分为时尚休闲、家居休闲和运动休闲着装，其功能性一目了然。至于正式社交着装，一般以礼服为主，包括拜访时穿的午服，酒会上穿的鸡尾酒服和晚礼服等。正式社交着装的细节感最强，因为它更能反映一个人的身份和社会地位。

　　经过这几年的发展，我们对于场合的搭配功力已经越来越成熟了。但是不难发现，在色彩、风格、场合都穿对的情况下，依然存留着很多问题。比如价值的不对等，着装的调性缺乏高级感。于是我们将品位罗列进入美学体系研究范畴，完成了品位层级的升级链接。扩充了美学的研究范畴后，结合落地化的美学的量化系统便形成了今天的形象美学基本理论。

第**3**章

色彩定位

　　色彩的搭配是个人形象管理中的重要一环，色彩的合理搭配能够使服装和着装人的风格气质更好地融合统一，但是如何从眼花缭乱的缤纷色彩中准确寻找到个人的色彩定位着实是件不容易的事情。

　　日常生活中，我们对一个人所穿服装的第一观感是色彩，其次才是款式、材质等。在服装上恰到好处的色彩运用，可以对身形起到扬长避短的作用。

　　现下的流行千变万化，很多人喜欢跟着潮流色系走，去年跟风买了荧光黄的鞋子，今年走在潮流前线染了奶奶灰的头发。生命不休，折腾不止。却忽视了最重要的事情：自己到底适合什么色彩？只有找准个人的色彩定位，使用适合自己肤色和气质的色彩，才能打造出属于自己的独一无二的形象品牌。要找准自己的个人色彩定位，我们首先需要认识最基础的色彩三要素。

COLOR

COLOR ORIENTATION

形象管理——色彩定位

在信息化的时代，
我们需要将色彩运用到不同的领域中，
准确地表达和记录色彩的信息

三原色

原色，是指不能通过其他颜色的混合调配而得出的"基本色"。

三原色包含：红黄蓝

"原色"并非一种物理概念，反倒是一种生物学的概念，是基于人的肉眼对于光线的生理作用。人的眼球内部有椎状体，能够感受到红光、绿光与蓝光，因此人类以及其他具有这三种感光受体的生物称为"三色感光体生物"。虽然眼球中的椎状体并非对红绿蓝三色的感受度最强，但是肉眼的椎状体对于这三种光线频率所能感受的带宽最大，也能够独立刺激这三种颜色的受光体，因此这三色被视为原色。

三间色

三间色，亦称"第二次色"。红黄蓝三原色中的某两种原色相互混合的颜色。

三间色包括：橙绿紫

当我们把三原色中的红色与黄色等量调配就可以得出橙色，把红色与蓝色等量调配得出紫色，而黄色与蓝色等量调配则可以得出绿色。在专业上来讲，由三原色等量调配而成的颜色，我们把它们叫做间色（secondarycolor）。当然三种原色调出来就是近黑色了。在调配时，由于原色在分量多少上有所不同，所以能产生丰富的间色变化。

有几个特殊的点需要给大家指出来，枚红色很多人可能跟我之前一样觉得它是暖色，其实不然，玫红是属于"泛紫"的颜色，因此是冷色。同理，粉红色也属于冷色，但是粉红色是个很特殊的例子，冷暖色调的人都可以穿粉红色。孔雀蓝和湖蓝属于"泛蓝"的颜色，因此是冷色，但是这两个颜色属于冷色调中偏暖的色调。此外，有两个特殊的例子，荧光黄和柠檬黄都属于冷色，大家知道就可以了。

复色

　　用任何两个间色或原色与间色相混合而产生出来的颜色叫复色。

有彩色

　　凡带有某一种标准色倾向的色（也就是带有冷暖倾向的色），称为有彩色。光谱中的全部色都属有彩色。有彩色是无数的，它以红、橙、黄、绿、蓝、紫为基本色。基本色之间不同量的混合，以及基本色与黑、白、灰（无彩色）之间不同量的混合，会产生成千上万种有彩色。

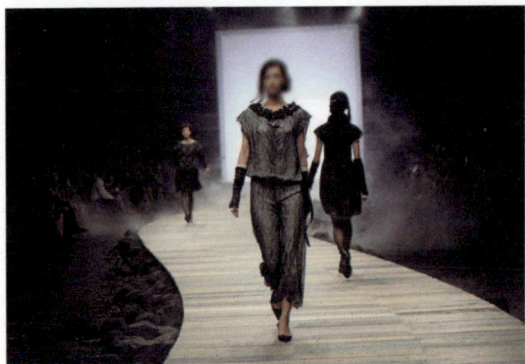

无彩色

　　无彩色（achromaticcolor）
指除了彩色以外的其他颜色，
即黑、白、灰。

光泽色

　　如金，银等金属或宝石特
有的色彩。在图片制作上是用
相近的色来特别标注的。它们
无法用 RGB 或 CMYK 来表示，
在印刷厂是特别提供的颜色。

互补色

在色相环中呈 180 度对角线的色彩互为互补色。

色相

色彩的相貌。红色系 4 个色；橙色系 4 个色；黄色系 4 个色；绿色系 4 个色；蓝色系 4 个色；紫色系 4 个色，共同组成不同的冷暖、色味的 24 个色相。组合特点：由于高纯色相纯度高，色相间对比强的缘故，因此高纯色相组合效果具有扩张性、刺激性，富有热烈、朝气、激奋、活力的调性特征。其表现性具有本时

代的精神。现代色彩表现趋势：现代色彩表现重心理效应的追求，更倾向为人们展现光明、新颖、乐观、希望，追求积极、向上，表现充满生命活力的色彩意象，表达热情、朝气的奋斗精神。古典式色彩表现：重视渲染高雅、含蓄的境界。40、50 年代的设计色彩与色彩表现，多以含灰色调为主。所谓"高级灰"，是由于战争年代的动荡不安，给人们造成一定的心理压力，用低纯度的含灰色，为的是平衡心理需求，给人们带来温和、稳妥的心境。每一个色彩的存在，都不是孤立的，必具备面积、形状、位置、肌理等四种存在的形式。如果把几种颜色并置在一起时，色与色之间就会相互对比，从而产生出明暗、冷暖、鲜灰等视觉效果。

纯度

　　纯度是指色彩鲜艳和柔和的程度。鲜艳的色彩纯度高，柔和的色彩纯度低。而色彩鲜艳和柔和的程度与穿衣打扮的相关度非常高。我们首先要搞清楚自己在色彩上属于鲜艳的人还是柔和的人。

明度

　　明度是指色彩的明暗程度。颜色浅则明度高，颜色深则明度低。

　　明度属于一个对比度的范畴，用在人身上就是一个发肤色的对比度，即一个人肤色值与发色值的对比度。人的发肤色对比度对穿衣搭配有很大影响，因此，我们需要弄清楚属于自己的明度，即自己的发肤色对比度到底在哪个范围。

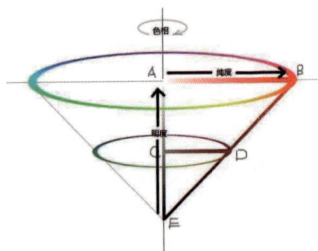

色相，明度，纯度的基础构成图

色调的整体体系

弱对比——优雅的

　　优雅风格色彩主要以 S、B、V 为主基调。搭配要点：色彩采用中高明度、中高纯度，以冷色为主，适合渐变搭配。柔和色调，适合自己色彩群中浅淡柔美能展现女性韵味的色彩。

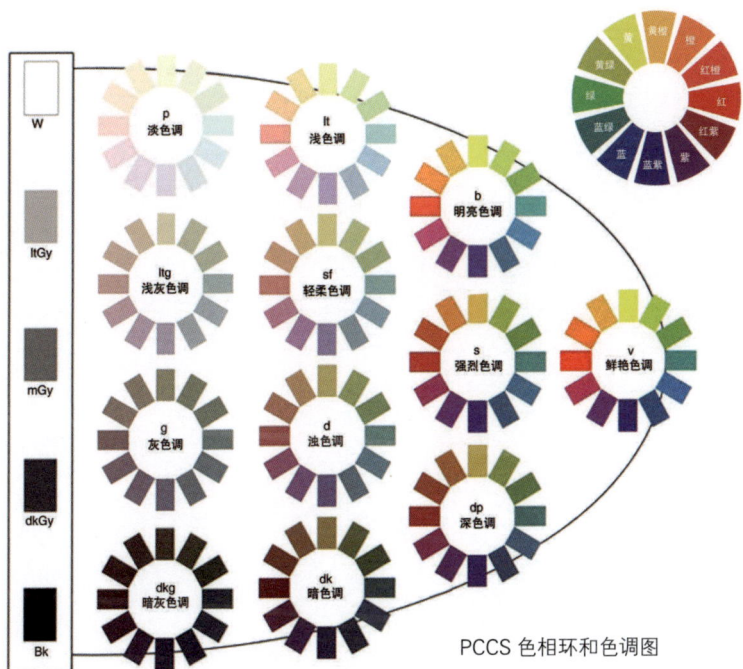

PCCS 色相环和色调图

中对比——古典的

古典风格色彩特征为中低明度、中高纯度，主要以 D、DP 基调为主，搭配要点：运用中性色、理性、淡雅的色彩。（沙青色、蓝色、浅驼色、无彩色系）黑白搭配最出效果。颜色不要太鲜艳，可用极浅色和极深色搭配，可显出干练精明的气质。

强对比——个性的

对比色是两类拥有完全不同个性的颜色，如红和绿、蓝和橙、黑和白、紫和黄等。搭配要点：若有意将对比色搭配在一起，就要注意对比色间的比例变化，选择一种颜色为主色而另一种颜色为副色，很有点睛的效果。将你的个性大胆展露。

第**4**章

色彩心理学

色彩的直接心理效应来自色彩的物理光刺激对人的生理发生的直接影响。心理学家对此曾做过许多实验。他们发现，在红色环境中，人的脉搏会加快，血压有所升高，情绪兴奋冲动。

COLOR
PSYCHOLOGY

COLOR PSYCHOLOGY

色彩心理学

美与关系俱生，俱长，俱灭

色彩的认知

　　狄德罗说：美与关系俱生，俱长，俱灭。美不是标准，美是关系，虽然关系纷繁复杂，比简单的标准难于遵从理解，但是正是这种复杂性反而扩宽了美的外延，带来了新的可能。

　　对色彩的认知会影响我们的美觉判断，因此在谈论美感之前，我们要有一个基础的色彩认知。现在大家在谈到口红色号、衣服颜色，更多的是在研究一些黄皮白皮，显白显黑，冷色暖色，色彩高级低级的问题。

　　在我给一些女生建议的时候，会发现不少女生对色彩的认识还

是在色彩跟肤色的关系以及流行色或者高级色上，显得肤色好或者显得高级固然重要，但是色彩这件事跟发型或者妆容是一个道理。

色彩跟肤色的关系，只是色彩跟美感的关系中的一部分，有时候当你愿意放弃一个影响全局的优势，比如不再执着于"最适合黄皮""最显白"，会发现这种牺牲也能带来更深度的信息，这些信息是契合于整体的形象带来的吸引力，而不是眼睛一望而知的要点。

《乌合之众》里写到，人人都怕不容置疑的语气，你把一个事情说得越绝对，越不容置疑，越有威慑力，群体越是唯唯诺诺的害怕并且绝对服从。美虽然是窄门，但是这个窄门里的"标准"已经被一次又一次的证伪，才有了千姿百态的美人。适合什么颜色，绝对不仅仅是看个肤色能确定的。

就比如我见过一些透明感很强的皮肤，以及像牛奶一样瓷实的白皮，虽然都是白，都是偏冷，但是适合的颜色就完全不同。所以比色彩更重要的是什么呢？是对美的感受能力。

色彩的感受

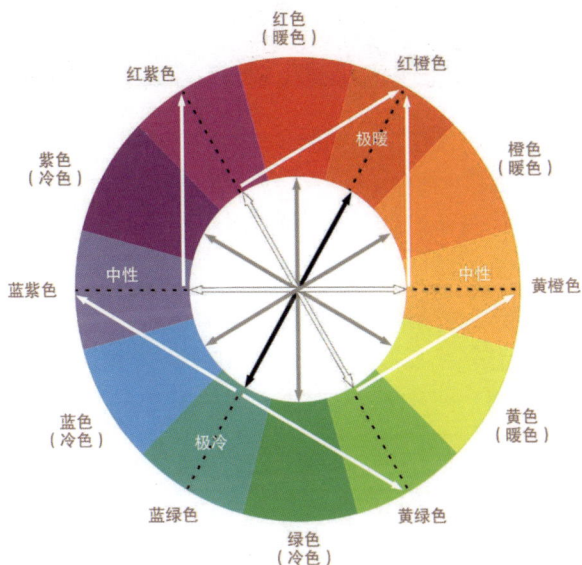

提到色彩的心理感受，我们首先需要了解的就是色彩的冷暖，色彩的冷暖主要是指色彩结构在色相上呈现出来的总印象。

一般来说，色彩的直接心理效应来自色彩的物理光刺激对人的生理发生的直接影响。心理学家对此曾做过许多实验。他们发现，在红色环境中，人的脉搏会加快，血压有所升高，情绪兴奋冲动。比如我们看到橙色、红色、暖黄色这一类色彩的时候，就会想象到温暖的阳光、火、夏天，进而产生一种温热的心理效应，所以，又把这一类的色彩，称为暖色，所以我们可以得知，色彩的冷暖，跟色相密切相关。

　　而处在蓝色环境中，脉搏会减缓，情绪也较沉静。比如我们看到青色、绿色、蓝色这样一类的色彩，是经常会联想到冰、雪、海洋、蓝天，进而产生一种冷寒的心理感受，通常把这一类的色彩界定为冷色。

　　有的科学家发现，颜色能影响脑电波，脑电波对红色的反应是警觉，对蓝色的反应是放松。自 19 世纪中叶以后，心理学已从哲学转入科学的范畴，心理学家注重实验所验证的色彩心理的效果。

　　不少色彩理论中都对此作过专门的介绍，这些经验向我们明确地肯定了色彩对人心理的影响。

　　冷色与暖色是依据心理错觉对色彩的物理性分类，对于颜色的物质性印象，大致由冷暖两个色系产生。波长长的红光和橙、黄色光，本身有暖和感，以此光照射到任何物体上都会有暖和感。相反，波长短的紫色光、蓝色光、绿色光，有寒冷的感觉。夏日，我们关掉室内的白炽灯，打开日光灯，就会有一种变凉爽的感觉。饮料也是如此，在冷食或冷的饮料包装上使用冷色，视觉上会引起你对这些食物冰冷的感觉。冬日，把卧室的窗帘换成暖色，就会增加室内的暖和感。

　　以上的冷暖感觉，并非来自物理上的真实温度，而是与我们的视觉与心理联想有关。总的来说，人们在日常生活中既需要暖色，又需要冷色，在色彩的表现上也是如此。

　　冷色与暖色除去给我们温度上的不同感觉以外，还会带来其他的一些感受，例如，重量感、湿度感等。比方说，暖色偏重，冷色偏轻；暖色有密度强的感觉，冷色有稀薄的感觉；两者相比较，冷色的透明感更强，暖色则透明感较弱；冷色显得湿润，暖色显得干燥；冷色有很远的感觉，暖色则有迫近感。

　　一般说来，在狭窄的空间中，若想使它变得宽敞，应该使用明亮的冷调。由于暖色有前进感，冷色有后退感，可在细长的空间中的两壁涂以暖色，近处的两壁涂以冷色，空间就会从心理上感到更接近方形。

　　除去寒暖色系具有明显的心理区别以外，色彩的明度与纯度也会引起对色彩物理印象的错觉。一般来说，颜色的重量感主要取决于色彩的明度，暗色给人以重的感觉，明色给人以轻的感觉。纯度与明度的变化给人以色彩软硬的印象，如淡的亮色使人觉得柔软，暗的纯色则有强硬的感觉。

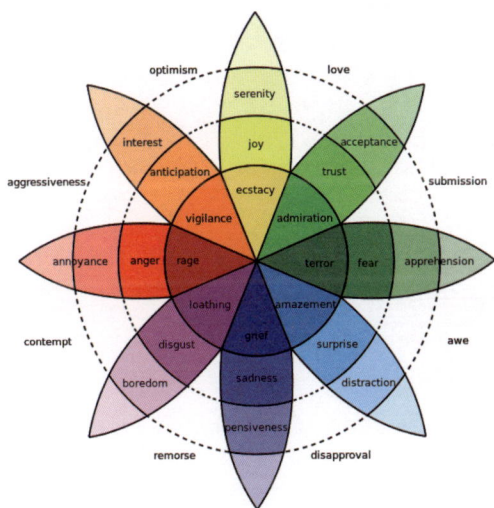

红　色：外向、活力充沛、勇敢、有野心

粉红色：慈爱、亲切、富同情心、柔和

酒红色：重感官享受、情绪化、合群、极度敏感

橘　色：能干、有行动力、擅组织、积极

粉橘色：温柔、慈悲为怀、灵巧、热心

黄　色：擅沟通、富社交性、擅表达、喜欢与人相处

薄荷绿：谦虚、有洞察力、沉着、心地善良

苹果绿：创新、爱冒险、擅自我激励、善变

绿　色：仁慈、人道主义、乐于服务、有科学精神

蓝绿色：理想主义、忠诚、善感、富创造力

浅蓝色：有创意、富想象力、擅分析、感觉灵敏

深蓝色：知识丰富、负责、擅经营管理、独立自主

豆沙红：细致、含蓄、敏感、擅鼓励

紫　色：直觉强、富精神性、感觉敏锐、庄严堂皇

咖啡色：诚实、脚踏实地、擅支持、擅组织

黑　色：有原则、意志坚定、独立、固执己见

白　色：个人主义、寂寞、自我中心、爱好自由

灰　色：被动、紧张、压力沉重、不愿做承诺

银　色：荣誉心强、浪漫、可信赖、彬彬有礼

金　色：理想主义、高贵、成功、高标准

灵感色

红　色：竞争，体能锻炼，追求充满野心的目标

粉红色：自我接纳，付出与得到爱，照顾别人

酒红色：玩乐，充满冒险与官能享受的活动

橘　色：有目标擅组织，善用资源，有生产力

粉橘色：自我表达，照顾自己，要求同等机会

黄　色：社交，沟通，充分自我表达

薄荷绿：客观，控制自己情绪，透彻的洞察力

苹果绿：改变，开始新的计划，被挑战

绿　色：服务人群，自我发展，洞察一切事务

蓝绿色：对自己诚实，实现自己的理想，乐观

浅蓝色：创造结合现实，艺术性的自我表达

深蓝色：自我管理，独立自主，相信自己

豆沙红：倾听直觉，自我信任，依从内在引导

紫　色：信任感觉，善用直觉，敏感能为他人察觉

咖啡色：充满自信，有安全感，了解自我价值

黑　色：有原则，独立自主，达到自己的标准

白　色：有新点子，有创意，自由自在的生活

灰　色：没有压力，放松自己，保持不介入状态

银　色：追求真理，诚实，体察到自我价值

金　色：追求崇高理想与真理，收获与报酬

伴侣色

红　色：讲求实际又性感的人

粉红色：父亲型或孩子气的甜蜜伴侣

酒红色：自溺又爱玩的人

橘　色：有组织能力又擅激励的工作伙伴

粉橘色：善良又温柔而且重视你的人

黄　色：朋友或老师型的伙伴

薄荷绿：治疗者或从事保健相关工作的人

苹果绿：新伴侣或双方关系的改变

绿　色：与医药有关或人道主义的人

蓝绿色：独立但可激励你的人

浅蓝色：艺术家或有创意的人

深蓝色：商人或管理阶层

豆沙红：对你的感觉十分敏锐的伴侣

紫　色：传道者或宗教上的伴侣

咖啡色：稳定、支持、给人安全感的伴侣

黑　色：太自给自足而无法产生亲密关系

白　色：寂寞的人或个人主义者

灰　色：顺从并完全支持你的人

银　色：手持闪亮佩剑的骑士

金　色：银行家或富有的人

色彩	造型	肢体	语言
红	时髦张扬	夸张	直接
粉红	温婉柔美	温柔	婉转
酒红	性感低调	魅力	犀利
橘	专业讲究	效率	理性
粉橘	柔和舒适	亲切	温和
黄	时尚抢眼	忙碌	滔滔不绝
薄荷绿	质朴低调	诚恳	平和
苹果绿	艺术创新	调皮	趣味
绿	简洁环保	内敛	平实
蓝绿	简单大方	放松	谆谆教诲
浅蓝	创意实用	轻松	清新
深蓝	专业权威	严肃	条理分明
豆沙	温婉柔美	体贴	鼓励
紫	高贵神秘	矜持	挑剔
咖啡	质朴低调	诚恳	支持
黑	专业权威	执着	权威
白	自由艺术	轻松	包容
灰	随性低调	压力	悲观
金	贵气奢华	完美	高标准
银	优雅宜人	风度	侠义精神

　　每个色彩都有正向和负向的联想与属性，色彩心理学可以帮助我们更好地了解客户心理和色彩偏好。从而有效指导客户着装用色，将喜欢与适合做融合。

　　色彩感受一般女生都能好于男生，要想提高色彩感觉应该对色彩有一定的理解，至少要知道纯色、间色、复色之间调和后的效果。

　　另外，色彩感受的确是天生的，平时可以多看一看喜欢的大师的优秀作品，学一学他们的用色，时间长了应该能对色彩感觉的提高有好处。好的色彩，首先要求色调统一。应是由准确的色彩关系（冷暖关系、敏感关系）构建一个完整、漂亮、明快、和谐的色调。要做到这一点就要有好的色彩感觉。

　　色彩感受大部分人是可以通过训练来提高的，首先大家要对颜色有亲切感，西方现代艺术之父塞尚这样称呼自己的颜色："小白""小棕""小蓝"，大家只有和自己颜色的感情亲切了，才会感觉到色彩不是那么难于控制。但是很多人对色彩的感知力不够强，甚至是很弱的，我们应该怎么提高自己的色彩感受呢？

▌给它命名

如果要真正了解色彩，就需要一套非常完整的系统的训练方式。也许很多人包括我自己一开始都对这些方法不以为意，总认为十分简单，甚至觉得这就是小朋友的游戏。然而，我要说，其实我们每个人的色感基础正是儿童时期就形成的。而往往儿童时期由于认识更为纯粹，对于色彩的想象力受到的限制比成人少得多，因此能赋予色彩的深度和广度都比成年人要更为丰富。

这也是为什么当你看到小朋友们的画作，会由衷赞叹他们的"配色天赋"。

而除了要进一步斩除缠住我们想象的积习藤蔓，将自己暂时回归到某种"童年白日梦"状态，还需要在运用视觉的同时，再调用到我们的其他四种感官（听觉、嗅觉、味觉、触觉）。

这个方法是通过你的语言，也就是利用你对某一色彩的命名来扩大你对某一种色彩的感受和体验深度。设想一下，假如你看到一只苹果，也许你就只是看一眼然后狼吞虎咽地把它吃了，事后要你回忆你对"苹果"这个物体的印象，也许你能体会的并不深刻。如果你这一次改变条件，假设你从未见过苹果，这一次你不仅要吃掉苹果，还要给这个苹果命名，根据它的外形、滋味等各种属性来对其进行认知。这时，你对苹果的体会将和前一次大大不同。

▋没有单独存在的色彩

如果你认识了色环，对色彩有一定的了解，你一定不会否认：任何一种色彩都是由其他色彩所组成。我们认识一个色彩，绝对不只是针对这一个色彩，你还需要对它的邻近色、对比色、互补色都要有所了解，也就是说，与其说我们是在认识色彩，不如说我们是在认识色彩之间的关系。

我们刚开始练习，颜色种类不宜过多，练习配色能力。练习所有的常用色，避免对哪一种颜色过分偏爱，尽可能掌握每一种颜色的性能。最后，大家又要努力简化使用的颜色，做到用最少的颜色表达最多的色彩感觉。

同时在训练时不断寻求变化明度、纯度、冷暖的能力。明度、纯度、冷暖是色彩基本的要素，几乎所有的色彩语言都与它们有关，三者的自身变化和三者的交叉变化才使我们画面的绚丽色彩有了可能。

色彩间的关系是如此重要，我们看待色彩就应该再多增加一些角度。通过对一个色彩无限次分解，一点点摸索色彩间的关系。就像一个家族里，你继承了父母的某些特性，而你的父母又继承了上一代的某些特性，这样代代相传的关系在色彩中也能找到同样的模型。

▌正确看待色彩的过渡

　　这几年，大家对渐变这种色彩表现形式一定不陌生，渐变色是指某个物体的颜色从明到暗，或由深转浅，或是从一个色彩缓慢过渡到另一个色彩，充满变幻无穷的神秘浪漫气息的颜色，我们可以看到两个颜色间微妙的变化关系，它是一个动态的过程。

　　如果你能深入体察任意两个不同色彩之间的变化关系，如此看待色彩，就又拔高了一个维度，那么对于色感的体会也会抵达更深的层次。

第 **5** 章

风格诊断

　　在您的生活经历中，常常会听到别人对您第一印象的评价，或者听到别人形容您给大家的感觉是怎样的！那么您的整体形象以及您给大家的感觉，其实是您的五官特征、身材量感、性格气质等诸多方面的因素综合作用的结果。

DIAGNOSIS
STYLE

DIAGNOSIS STYLE

形象管理——风格诊断

您的整体形象以及您给大家的感觉，
其实是您的五官特征、身材量感、性格气质等
诸多方面的因素综合作用的结果

通过你的观察，说说别人给你的第一印象是怎样的？或者如果你觉得她的装扮并不适合她，那么她往哪个方向打造才更漂亮？

A. 可能是亲切、随和、大方、自然的？

B. 可能是帅气、利落、干练、精明的？

C. 可能是甜美、可爱、活泼、开朗的？

D. 可能是夸张、大气、醒目、时髦的？

E. 可能是富贵、华美、成熟而又妩媚的？

F. 可能是温柔、精致、如小家碧玉一般？

G. 可能是前卫、新潮、标新立异、古怪精灵的？

H. 可能是端庄、高贵、传统、成熟如大家闺秀般的？

I. 可能是奔放自然、带有异域风情的？

人与服装的整体关系

　　服装是以人体为基础进行造型的，通常被人们称为"人的第二层皮肤"。服装设计要依赖人体穿着和展示才能得到完成，同时设计还要受到人体结构的限制，因此服装设计的起点应该是人，终点仍然是人，人是服装设计紧紧围绕的核心。

　　服装设计在满足实用功能的基础上应密切结合人体的形态特征，利用外形设计和内在结构的设计强调人体优美造型，扬长避短，充分体现人体美，展示服装与人体完美结合的整体魅力。纵然服装款式千变万化，然而最终还要受到人体的局限。不同地区、不同年龄、不同性别人的体态骨骼不尽相同，服装在人体运动状态和静止状态中的形态也有所区别，因此只有深切地观察、分析、了解人体的结构以及人体在运动中的特征，才能利用各种艺术和技术手段使服装艺术得到充分的发挥。

服装的形色质

服装中最明显的就是形色质。可以这么说，形理解为廓形，肩部线条、腰部处理等反映当时服装追求的风尚。色，是哪个色系，纯度明度如何，每个时期各有特色。质是服装的材质，影响服装表面效果和肌理感觉。

▌形

廓形是服装的外部造型剪影，决定服装造型的整体印象。它是区别和描述服装的重要特征。

常用服装廓形及其应用

（一）字母形

H形、X形、T形（V形）、A形、O形等。

（二）几何形

长方形及正方形（H形）、重叠梯形（X形）、三角形和梯形（A形或T形）、圆形及椭圆形（O形）等。

（三）流行特征分类

按流行特征可分为紧身形、直身形、宽松形、综合形等。

（四）物象形

埃菲尔铁塔形、花瓶形、美人鱼形、豆荚形等。

H形也称矩形、箱形、筒形或布袋形。其造型特点是平肩、不收紧腰部、筒形下摆，形似大写英文字母H而得名。H形服装具有修长、简约、宽松、舒适的特点。

X形线条是女性化的线条，其造型特点是顺应人体曲线，肩部稍宽、腰部收紧、臀部自然外张。X形线条的服装具有柔和、优美、女人味浓的性格特点，是充分显示女性曲线美的较为性感的廓形。

T形又叫Y形，外形线类似倒梯形或倒三角形，其造型特点是肩部夸张、下摆内收，形成上宽下窄的造型效果。T形廓形具有大方、洒脱、较男性化的性格特点。

A形外形是上小下大的造型。具有活泼、可爱、造型生动、流动感强、富于活力的性格特点，是服装中常用的造型样式。

O形也称气球形、圆筒形，外形线呈椭圆形，其造型特点是肩部、腰部以及下摆处没有明显的棱角，特别是腰部线条松弛，不收腰，整个外形比较饱满、圆润。

┃色

指服装的整体色系给人的视觉感受，主要分为下面几个色系：

主色——淡色

白色搭配色：黑色和所有深色以及鲜艳的色彩

浅米色：黑色 红色 褐色 绿色

浅灰色：褐色 深绿色 深灰色 红色

天蓝色：褐色 深绿色 紫红色 紫 米色

粉　色：米色 紫色 藏青色 灰色

浅黄色：黑色 藏青色 褐色 灰色

浅紫色：深紫色 褐色 藏青色

浅绿色：深绿色 红色

主色——深色

黑色搭配色：米色 白色 棕黄色 天蓝色 粉色

褐　色：白色 米色 黑色 橙红 橙黄 深绿色

深灰色：米色 黑色（所有浅色和艳色）

藏青色：白色 柠檬黄色 绿松色 紫红色 鲜绿色 紫

深绿色：天蓝色 白色 米色 鲜红色 浅黄色

深紫色：天蓝色

深红色：黑色 天蓝色 米色

主色——鲜艳色

蓝色（泛紫）搭配色：黑色 白色 鲜绿

绿松色（蓝色泛绿）：白色 棕黄 藏青色

绿色（偏蓝）：藏青色 黑色 白色

绿色（偏黄）：米色 白色 棕黄色

金黄色：白色 黑色 褐色

柠檬黄 ：黑色 白色 藏青色 深绿 淡粉 橙色

橙　色：白色 柠檬色 黑色 深绿色

紫红色：藏青色 白色

鲜红色（朱红）：褐色 白色

紫　色：褐色 白色 天蓝色 粉色 绿松色

质

指衣服的材质，使用不同面料带来不同的效果和感受。面料不仅可以诠释服装的风格和特性，而且直接左右着服装的色彩、造型的表现效果。呈现出自身的高贵完美，手感柔软。

纺织纤维——有一定的长度、细度、弹性、弹力等良好化学稳定性，天然纤维。

植物纤维——棉花、麻。

动物纤维——蚕丝。

矿物纤维——石棉。

化学纤维——再生纤维、合成纤维。如：涤纶、锦纶、丙纶，无机纤维。

1. 棉麻

多用来制作时装、休闲装、内衣和衬衫。它的优点是轻松保暖，柔和贴身、吸湿性、透气性甚佳。它的缺点则是易缩、易皱，外观上不大挺括美观，在穿着时必须时常熨烫。

麻是以大麻、亚麻、苎麻、黄麻、剑麻、蕉麻等各种麻类植物纤维制成的一种布料。一般被用来制作休闲装、工作装，目前也多以其制作普通的夏装。它的优点是强度极高、吸湿、导热、透气性甚佳。它的缺点则是穿着不甚舒适，外观较为粗糙，生硬。

2. 丝绸

是以蚕丝为原料纺织而成的各种丝织物的统称。与棉布一样，它的品种很多，个性各异。它可被用来制作各种服装，尤其适合用来制作女士服装。它的长处是轻薄、合身、柔软、滑爽、透气、色彩绚丽，富有光泽，高贵典雅，穿着舒适。它的不足则是易生折皱，容易吸身、不够结实、褪色较快。

3. 呢绒

又叫毛料，它是对用各类羊毛、羊绒织成的织物的泛称。它通常适用于制作礼服、西装、大衣等正规、高档的服装。它的优点是防皱耐磨，手感柔软，高雅挺括，富有弹性，保暖性强。它的缺点主要是洗涤较为困难，不大适用于制作夏装。

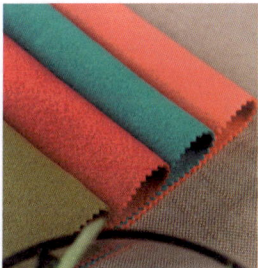

4. 皮革

是经过鞣制而成的动物毛皮面料。它多用以制作时装、冬装。又可以分为两类：一是革皮，即经过去毛处理的皮革。二是裘皮，即处理过的连皮带毛的皮革。它的优点是轻盈保暖，雍容华贵。它的缺点则是价格昂贵，贮藏、护理方面要求较高，故不宜普及。

5. 化纤

是化学纤维的简称。它是利用高分子化合物为原料制作而成的纤维的纺织品。通常它分为人工纤维与合成纤维两大门类。它们共同的优点是色彩鲜艳、质地柔软、悬垂挺括、滑爽舒适。它们的缺点则是耐磨性、耐热性、吸湿性、透气性较差，遇热容易变形，容易产生静电。它虽可用于制作各类服装，但总体档次不高，难登大雅之堂。

6. 混纺

是将天然纤维与化学纤维按照一定的比例，混合纺织而成的织物，可用来制作各种服装。它的长处，是既吸收了棉、麻、丝、毛和化纤各自的优点，又尽可能地避免了它们各自的缺点，而且在价值上相对较为低廉，所以大受欢迎。

TPO 场合着装

TPO——是三个英语单词的缩写，它们分别代表时间（Time）、地点（Place）、场合(Occasion)，即着装应该与当时的时间、地点和所处的场合相协调。俗话说"人靠衣服马靠鞍"，商业心理学的研究告诉我们，人与人之间的沟通所产生的影响力和信任度，是来自语言、语调和形象三个方面。它们的重要性所占比例是：语言占 7%；语调占 38%；视觉（即形象）占 55%，由此可见形象的重要性。

> TPO 女士着装常识：一个美商很高的女性选择着装必须考虑到时间、地点、场合这三个因素，女士 TPO 着装按照生活中经常出现的场合合理划分，可分为上班场合、休闲场合、约会场合、社交场合。

找出自己的装扮场合

1.职场（您的职业、工作性质、有无着装要求？……）

2.都市休闲（逛街购物、朋友聚会、唱 K、喝下午茶……）

3.运动休闲（打球、健身、跑步、爬山、郊游……）

4.家居休闲（日常居家、亲子活动……）

5.约会着装（与男朋友或老公的约会？约见客户？拜访领导？

6.Party 或晚宴（大型晚宴？家庭式鸡尾酒会？时尚 Party……）

　　穿着礼仪即服饰礼仪 。服饰是一种文化，反映一个人的文化素养、精神面貌；着装是一门艺术，正确得体的着装，能体现个人良好的文化修养和审美情趣。所谓"人靠衣装"，内在品质和个人内涵固然重要，但"内外兼修方为得体"。

　　随着形象美学在亚洲的发展，目前亚洲女性着装的色彩风格基本运用都是可圈可点的。但是随着女性社交场合的增多，又裂变出了日间社交、商务社交、休闲场合、晚宴社交等多场合着装。于是今天的女性着装开始越来越趋向于场合应用。良好地驾驭场合着装无不彰显着一个女人的高美商。

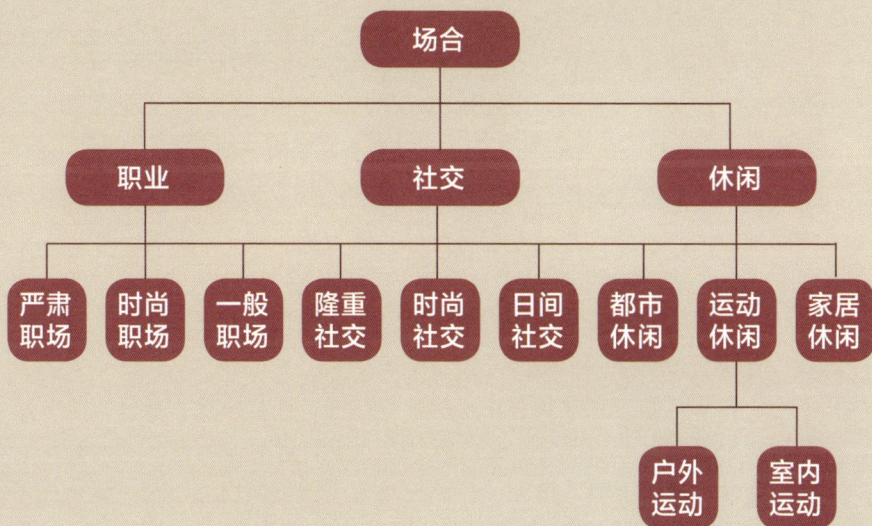

▌着装应遵循的原则

1. 个性原则

个性原则是指服装应当为体现个人独特的风格服务。每个人在年龄、性别、形体、职业、身份等方面都有所不同，在着装时，必须首先考虑这一点。选择服装因人而异，着重点在于展示所长，遮掩所短，显现独特的个性魅力和最佳风貌。现代人的服饰呈现出越来越强的表现个性的趋势。

年轻人最需要注意的是不要盲目地赶时髦。当流行服装成千上万件地生产出来的时候，往往就淹没了人的个性。同时，流行服装既是流行的，就不可能维持太久，转眼之间又会出现新的流行服装。

一个人如能根据自己的个性选择服装，往往更能显示出自身独特的魅力来。台湾作家三毛说得好："因为我从来不赶时髦，所以我永远都是最时髦的。"

2. 合礼原则

合礼原则是指服装具有重要的礼仪功能，应依照具体场合的不同而加以区别。一般的规律是：在业务场合，着装要传统保守；在社交场合，着装要时尚个性；在休闲场合，着装要舒适自然。这些都不宜混淆，不然的话，就会被他人视为着装不得体。

3. 协调原则

协调原则是指服装要与形体条件、年龄、场合等相协调。比如，茄克衫、牛仔裤常能给人以青春的美感，但身材矮胖的人着此装束，效果就不理想；宽大的毛线衫，常可衬托出男性坚实伟岸的身体，可一位身材瘦高的人在宽大的上衣下露出两条细长的腿，就显得很不匀称。女性在肃穆的场合，切不可穿着艳丽的服饰，否则，显得十分刺眼。

4. 量入为出原则

量入为出原则是指根据家庭经济条件来穿着。一般说来，服装的质料越好，档次越高，价格越昂贵，穿起来就比较气派一些。但由于人们各自的家庭经济条件不一样，着装应该量入为出。家庭收入宽裕一点的，可以穿着好一点，有条件的，穿穿名牌也未尝不可。家庭经济条件差一些，在穿着上不可赶时尚、追名牌、搞攀比。

现在市场活跃，物资丰富，在服装方面，适合各种经济条件的人挑选的品种相当多。我们可按自己的着装需求，量入为出，用得体的衣服把自己装扮好，同样可以穿出自己的体面。

时装到底是小股富人的虚荣游戏，还是一种全民性的美丽追求？ 到东京的街头逛逛，你会感到惊讶。这里的街道已演变成为巨大的 T 台，而每个走在大街上的人都是他自己的模特儿。像 H&M 、ZARA、GAP 或 UNIQLO，这些品牌都是以质优价廉来取胜，而青年是他们的主要顾客。

ZARA 是西班牙的品牌，它的设计跟其他平民化的品牌相比更时髦。如果今年流行民族风，它的货架上会挂满绣着艳丽花朵的衬衫和棉布裙子，这些都是印度人的手艺。它让口袋羞涩的年轻人只消花昂贵品牌十几分之一的价钱，也能跟上 GUCCI 或者 DOLCE&GABBANA 一样快的时髦潮流。CHEAP 是一种风格，也可以是一种姿态。而且有越来越多的人习惯将非常昂贵的首饰和非常廉价的衣服相互搭配着穿 。

不同社交场合的着装

1. 工作场合的穿着

在这种场合，穿着上要尽可能朴素、大方、整洁，最好与周围人的服饰相协调，尤应避免着花里胡哨的奇装异服。如果是从事体力劳动，最好穿上耐磨、耐脏的工作服。有的单位要求所属人员上班时要着制服式服装或统一式样的服装，对此应当自觉遵守。

2. 喜庆场合的穿着

喜庆活动通常指的是各式晚会、舞会、节庆集会及婚礼活动等。在这种场合，穿着应和欢快热烈的气氛相协调，可选择色彩明快、款式新颖的服装。男子可着西服套装，也可着单件西装，还可以穿茄克衫、猎装等。女士可以穿长裙、连衣裙、旗袍以及各式美丽大方的服装。

3. 庄重场合的穿着

庄重场合是指参加商务谈判、大型会议、出访迎宾以及其他各种隆重严肃的庆典活动。参加这些交际活动不论请柬上是否有穿礼服的要求，都要注意穿着端庄和规范。男子可穿同色同质的西装；女士可穿西装套裙、连衣裙、旗袍或其他民族服装。男子穿西装要系领带。

4. 悲伤场合的穿着

悲伤场合主要指的是探视危重病人、参加葬礼之类的活动。在这些场合一定要穿深色或素色的服装、鞋子，手提袋也应是暗淡色的，一般不化妆和佩戴装饰品。

5. 公共场合的穿着

这里的公共场合是指街市商店、车站码头、公园剧院等公众活动的场所。在这种场合穿着以大方、方便、舒适为原则。男子注意不要身着背心、脚穿拖鞋上街。女子也不宜穿着过于袒露的衣裙。如果是外出郊游或度假，最好身着茄克衫、运动服、旅游服等各式休闲装。

6. 参加舞会的着装

如果参加舞会的话，穿着可按照舞种装扮原则来选择。参加交谊舞会，女士应穿宽松、长的裙子，给人以潇洒的感觉。男士则应穿西装为主，给人以庄重、高雅的感觉。如参加迪士高舞会，应穿牛仔裤、健美裤、运动鞋、针织时装、宽松的上衣等，表现出一种自然、舒展、轻松的气氛。跳交谊舞忌穿运动鞋和短裤、短裙。跳迪士高舞忌穿高跟鞋和长裙。

如果参加宴会的话，服装应与你所

处的餐馆环境和宴会的气氛相配合。如果格调比较高雅，女士最好是穿裙子去，男士最好穿西装打上领带。如是去一般小餐厅，打扮的分寸必须掌握好，力求适度，既不过于简朴也不过于豪华。如果去大排档里吃东西，最好穿简朴、随便的衣服，与周围环境协调一致。

7. 交往和洽谈生意的着装

如果朋友交往和洽谈生意，千万不要穿皱巴巴的衣服，那样你会首先给人一种厌恶的感觉。不管在任何场合，都应该穿一身笔挺整洁的衣服，这是最基本的礼貌和修养问题。要知道，衣着的文明程度会直接影响朋友交往和客户合作，影响谈判成败。

能否把握着装原则，是女人修养、审美观指数高低的一个界限。人的着装重在体现魅力，如果掌握了着装的"TPO"原则，假以时日，相信任何女人都能变成一个着装高手，穿出无限魅力来。

轮廓的直曲

轮廓：指面部线条的直和曲；其中包括外轮廓和内轮廓。

外轮廓就是看你的脸部形状的线条直曲。直线条的脸骨骼感比较凸出，给人硬朗、帅气、冷峻、中性的感觉；曲线条的骨骼感不明显，给人可爱、有亲和力、温柔、优雅的感觉。

内轮廓看的是你的眼神状态；直线条的眼神给人的感觉是犀利、坚定、硬朗、聚焦的，曲线条的眼神给人的感觉是柔和、迷离、妩媚、涣散的。眼神是可以改变的，眼神也是最能传达情感的。

脸的轮廓分为直线型、曲线型和中间型，脸型一共分为七种：方形脸、圆形脸、长形脸、菱形脸、心形脸、椭圆形脸。

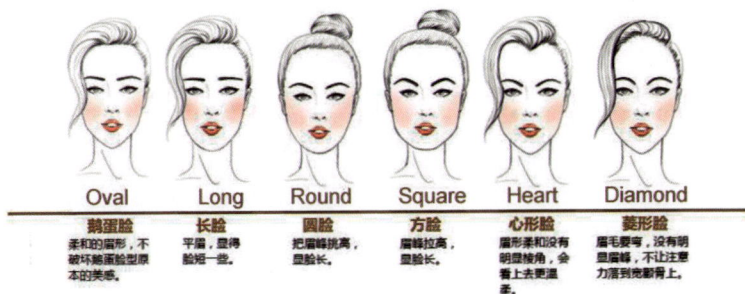

Oval	Long	Round	Square	Heart	Diamond
鹅蛋脸	**长脸**	**圆脸**	**方脸**	**心形脸**	**菱形脸**
柔和的圆形，不被坏脸画脸型原本的美感。	平眉，显得脸短一些。	把眉峰挑高，显脸长。	眉峰拉高，显脸长。	眉形柔和没有明显棱角，会看上去更温柔。	眉毛要平，没有明显眉峰，不让注意力落到额头骨上。

七大脸型通常来说圆形、梨形、椭圆形属于曲线条，方形、菱形、长方形属于直线条。

曲线型：

　　脸的骨骼呈现曲线感，五官带给人的感觉是温柔、女人味的。八大风格中，优雅型、浪漫型、少女型是最曲线的。例如：李静、张娜拉

直线型：

　　脸的骨骼和五官的形状大体呈直线感，给人硬朗、中性的感觉。八大风格中，少年型是最直线的。例如：李宇春、梁咏琪

中间型：

　　难以判断直线感还是曲线感。

　　不同脸型给我们的气质感觉是不一样的，有的脸型看起来温和亲近，有的脸型看起来犀利有距离感。然而大部分人都是混合型脸型，像绝对的方形脸和圆形脸是极少的。其实真正决定你面部气质的是面部轮廓的直曲、量感的大小、比例的均衡三个方面的综合。

量感的轻重

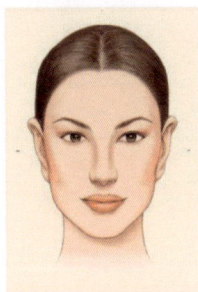 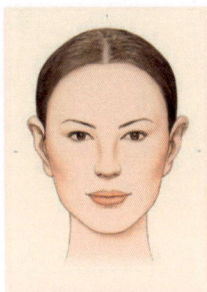 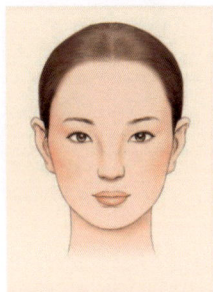

大　　　　　中　　　　　小

　　量感是指一种饱满、充实的程度，它是大小、厚薄、体积、重量、密度等指标的综合值。量感不是绝对的尺码值，尺码大的不一定比尺码小的存在感强烈。

　　脸庞骨感、五官夸张而立体往往量感大，你看看欧美人的脸你就能深刻了解；脸庞较小，五官紧凑而小巧的人往往量感较小；介于两者中间的是中间型。当你量感越大你的存在感也就越强，越显得人大气、沉稳、有力度。

　　为什么要分析脸部的量感呢？目的在于，你能知道自己是属于成熟而夸张的大量感，还是属于非夸张型的小量感。这样就可以知道你该选择偏夸张感的服饰，还是偏非夸张的服饰。如果你不属于这两种极端，你可以穿着偏中庸一点的服饰。脸的量感并不是选择服装的唯一标准，切记不要以偏概全，要综合全身去判断。

比例的大小

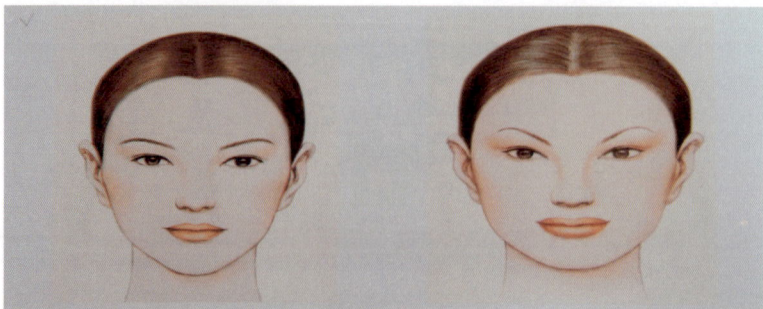

　　比例是均衡的一种定量概念，在物体的局部的主要尺寸之间有相同的比值时，就产生比例。面部比例指的是三庭五眼的均衡度。三庭五眼是人的脸长与脸宽的比例。

　　三庭：指脸的长度比例，把脸的长度分为三个等份，从前额发际线至眉骨，从眉骨至鼻底，从鼻底至下颏，各占脸长的1/3。

　　五眼：指脸的宽度比例，以眼形长度为单位，把脸的宽度分成五个等份，从左侧发际至右侧发际，为五只眼形。两只眼睛之间有一只眼睛的间距，两眼外侧至侧发际各为一只眼睛的间距，各占比例的1/5。

　　越符合三庭五眼标准的，整体比例就越均衡，越均衡就越符合传统审美观。均衡给人的感觉是：传统、端庄、正派、自然、和谐。

　　越不符合三庭五眼标准的，整体比例

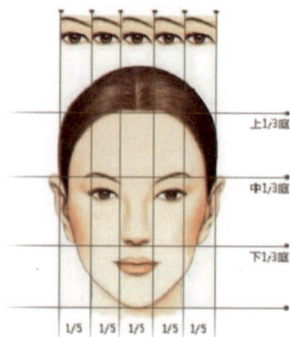

上1/3庭

中1/3庭

下1/3庭

1/5　1/5　1/5　1/5　1/5

就越不均衡，越不均衡就越不符合传统审美观。不均衡给人的感觉是：个性、另类、特别、奇怪。大家都知道，五官对于美丽是很重要的，但是想要变成真正的好看，那还要和脸部框架有好的匹配，唯有好的比例，才有看起来舒服的脸，才会打造真正完美的脸。

以最近流行的网红脸，在五官上她们追求的是宽大的欧式双眼皮，窄翘的小尖鼻子，丰厚性感的唇，长的平眉，一律戴着大美瞳，加上过突的额头，丰满过头的苹果肌，有时为了照相好看，还要刻意把下巴打尖，好让镜头前的感觉更"V"，这种比例几乎是按着所谓黄金比例来设计的，但是为什么几乎同样手术出来的结果，却有不同的感觉，最重要的不是五官的本身，而是与框架的比例，有些人的鼻子虽然做的是窄小的翘鼻，但是脸的横轴是比较宽的，鼻子相对于脸的横轴比例太小，反而让人觉得不协调、不自然。

因此，对审美的提高，才是变美最重要的基础。

什么是风格：

风格是指某一事物之间的共性特征，这种特征必须是占主导地位的特征，是事物的主导因素。

所谓风格中的浪漫、古典、保守等都是我们根据不同的需要给予它们不同的命名。

风格是个描述事物，纯艺术，应用艺术，甚至是人的外貌和行为方式的一种描述。

常听人说穿衣服一定要有自己的风格，对于某些特别懂得穿衣打扮的人，大家不免投以羡慕的眼光赞叹道，"她的穿着真有风格"。其实谁也不必羡慕谁，每个人在不知不觉中，因着不同的个性，穿着打扮自然会形成一种特色。这就是所谓的个人风格。

女性的八大风格

戏剧型又称为夸张艺术风格

戏剧型人就像人群中的"大姐大"，她们个子较高，骨架大，五官分明，视觉冲击力强，存在感强，看起来比同龄人成熟，比自己实际的身高要显高。她们很容易形成磁场，在那些华丽、隆重、盛大的场合下成为焦点。戏剧型人在装扮上要强调一个词，那就是"夸张"。大开领的衣服、喇叭袖、夸张的多层次花边、男性化西装、紧身深开衩长裙、垂感好的金银丝织物，以及皮毛等质感强烈的服装，都是最适合她们的装束。宽大的领型很能衬出戏剧型人的气派，所以戏剧型人的领型宁大勿小。因为戏剧型人无论胸部多丰满，都是背部线条平直、肩部线条宽硬的直线型人，所以一些有雕塑感的直硬造型的衣服很适合她们，尤其是一些肩部有垫肩造型，裙摆有A字伞状感觉的廓型已经可以成为戏剧型人的代言。

自然型又称随意或运动风格

自然型人总给人大方、洒脱、亲切、干练、纯朴、随和的感觉，和古典型人相反，她们可以把休闲装穿得很潇洒，她们总是一种自由洒脱的姿态，一般身材较为高挑，长发飘飘，无拘无束，举手投足间不刻意做作，非常豪迈豪爽，通常会让人觉得她们是一群"关不住"的女人。

自然型女子穿衣要随意大方一些，穿出洒脱的感觉，无论是做西部牛仔的打扮，还是扮演乡村淳朴的农妇，或是长发飘飞的仙女，都是游刃有余。衣服的裁剪要简洁大方、宽松长大，回避拘谨、小气、刻意，随便一条直腰身的长裙都可以穿得很漂亮。裤型最好是略宽松的直筒裤，不适合标准的西裤型。图案要求是随意的、不规整的大自然素材，像叶子、山脉肌理等都是适合的图案。

身材：直线、有运动感。

古典型又称传统风格型

古典型人给人端庄、稳重、精致、严谨、高贵、脱俗的感觉，她们始终都保持着整洁、规范、干净的着装与颜容，回避闲散和随意，她们成熟且高雅，追求高品质的东西，第一印象给人一定的距离感，或者常被人称为"冰山美女"，她们有着贵族般的气质。不少新闻主持人，都具有古典型人的气质和特征，使栏目风格和个人风格相互协调，增加可信度和严谨性。

古典型人的打扮要求正统、上品，她们能把正规的西装套裙穿得神采飞扬，但穿上松松垮垮的运动服就一塌糊涂。服装的面料要高档精细，如丝、缎、羊绒、细呢、羊皮、细牛皮等，坚决不能穿土布粗麻、尼龙等，考究、有品质感的服饰要求也让她们成为"最会花钱"的女人，因为只要稍一疏忽，就很有可能显得太过朴素，精神委靡，并凸显出年龄感。总之，古典型女人服装搭配要注意传统、高贵、严谨三要素。

身材：适中、直线。

浪漫型又称华丽性感型

浪漫型人最具女人味，妩媚、华丽、妖娆、有风情，有成熟女人的魅力。她们全身上下都透出迷人的、性感的气息，特别是眼睛，总是含情脉脉的会放电一样。她们的身材都是圆润的、凹凸有致和婀娜妩媚的，给人一种华丽、迷人、成熟、大气的感觉，还带有那么一点"侵略性"，堪称最让男人着迷的女人。

浪漫型人最有资格展示性感，适合曲线感十足的衣服，还可以穿略微暴露的服装，显示自己的成熟美。这类女人往往有一种妩媚的古典美，所以适合大花装饰的衣服，花朵图形要华丽、精美。花裤子也是最适合浪漫型人穿的。不过这类女性最值得注意的是要学会如何保持装扮上的"度"，别一不小心，给人留下"从事不正当职业女性"的印象。

身材：曲线丰满、女人味。

优雅型又称小家碧玉型

优雅型女性带有较浓郁的女人味，温柔、雅致、飘逸、文静、柔弱、精致。生活上，她们是典型的贤妻良母。性格上，她们温和、淑静，有小家碧玉的感觉。她们柔而不媚，优雅又温婉，她们始终给男人细致可心的关爱与体贴，堪称男人的最佳伴侣。

优雅型人要求曲线板型剪裁的款式和柔和的面料，上身一定要收腰，合体贴身的腰线会让优雅型人圆润的身材显得十分苗条，服装搭配上可以穿长裙，但必须是包身收口的。丝巾对这类型风格的人将会起到锦上添花的作用。

身材：圆润、曲线、走路优雅。

少女型又称可爱甜美风格型

少女型人身材不会很高，即使四五十岁了，脸上也是带着一些可爱的稚气，带有某种纯真的特点，强调精巧、细腻的感觉。在周围人中，她们活泼开朗，是大家呵护的小妹妹角色，最适合演绎当下流行的"萌妹子"一词。

少女型人不可以穿衣太长大，短款为好，回避粗糙、生硬、老气的感觉。适合穿着小碎花细棉布质地的旗袍或者连衣裙，打扮要带有小可爱的成分，比如蝴蝶结、蕾丝花边、小圆点、小花朵图案，衣服的领子、驳头、衣襟、口袋等边缘线最好都是曲线形的，最好搭配小圆头、小尖圆头的鞋。记住，少女型人最怕老气打扮，所以无需在职场上追求什么老练的感觉，不如顺应自己的特点，突出大女人所没有的娇美。

身材：小骨架、不高、小巧玲珑。

少年型又称帅气俊秀型

少年型人并非指男性，而是指那些打扮起来活泼、帅气、干练、洒脱、简洁、清爽的女性，通常更适合做男性化打扮来衬托女性的魅力。她们性格外向、爱动、爽直，外形英俊、洒脱、帅气，做事干净利落，身材呈"H"型，五官中性、简约、直线，年龄看上去比同龄人显得小，这都是典型的"俊秀"少年型人物特性，很多少年型人都是中性美女。

少年型人适合短小精干的衣着，不能太长大、太宽松和拖拖拉拉，服装的荷叶边、大花朵等过于华丽和装饰感强的东西都不适合，明线做工的小西装领套装、小牛仔裙、小皮夹克、带很多金属装饰的工装裤都适合。唯有少年型风格的人才可以把牛仔穿得最有韵味和最具时尚感。

身材：直线感，走路潇洒。

前卫型又称现代个性型

前卫型人通常自身特点不明显，需要用一些有个性的东西反衬出自身的特点，时尚、摩登、特别、标新立异、高级科技感、奇特、酷、生机勃勃，整体强调时尚独特，极具个人魅力的风格。她们需用要另类拒绝"平庸"。

前卫型人的百变是她们的优势，着装上可以扮演很多反差很大的形象。身为前卫型人也是最好买衣服的，只要存在变化，不中规中矩就不会难看。在发型和衣饰的选择上要强调直线感，不要过多曲线感觉，会显得臃肿和老气。服饰的细节要有变化，例如不对称、斜衣襟等，要大量运用当季的流行元素，她们几乎不挑面料，只要回避过于粗糙厚重的即可。

身材：骨感、小骨架、偏瘦。

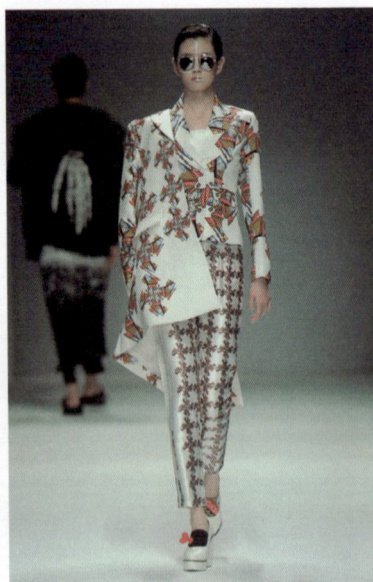

大家都已经非常熟悉女士有八大风格，分别是：古典型、自然型、优雅型、浪漫型、戏剧型、前卫型、少女型、少年型。那么对于男人而言，他们也可通过色彩季型和个人风格两项测试后，明确个人穿着打扮的路线，相比女性而言，他们一共有五种风格的区分，去掉了少女型、少年型和优雅型。那么如何通过人的"形"来决定风格，通过风格决定服装款式，下面我们讲一讲男士五大风格的特征和区别。

男性的五大风格

戏剧型

特征：有权威感、明显的男子气概、外向、张扬、华丽，穿着上要对比鲜明，要有跳跃感。

戏剧型人五官夸张而立体、浓眉大眼、存在感强，身材多宽厚、高大，看起来比实际身高显高。在人群中比较醒目，视觉冲击力较强，甚至会有一种威慑力，有强大的气势。戏剧型人给人一种权威感，有明显的男子气概、外向、张扬、华丽，五官分明，身材较高大，看起来会显高，有强烈的存在

感。穿着上要对比鲜明，要有跳跃感，几乎任何面料都可以穿，图案要大方，回避小气、古板、过于随意和拘谨的东西。

古典型

特征：严谨、正统、稳重、保守、上品、高档。

古典型人适合精致合体的服装，西装宜英式或其他做工精良、剪裁合体的传统样式西装，宜穿三件套西装。面料要高级、挺括、细腻的，如精纺毛料、丝织物、针织物和细腻的软皮革等。均匀、规则排列的小纹样图案，鞋、包、饰品等配饰要皮质精良、做工上乘、样式经典的，精致而有高贵感的。穿着上必须内敛规矩，给人精心打理过的痕迹，但不宜过多装饰，面料要看起来高档精良，最好是素色无图案，回避前卫时髦、古怪、随意、夸张的感觉。

浪漫型

特征：高级、帅气、华丽、有情调、优雅。

　　精致的五官、华丽的个人气质，温情脉脉的眼神是浪漫型男士很显著的特征，他们可是天生就会放电哦。圆领棉 T 恤配西装外套很适合这种风格的人，很多浪漫型人可以把圆领的 T 恤穿出外衣的感觉。"娘"这个词对于浪漫型男生不是个贬义词。很多有女性质感的面料会很适合他们，比如雪纺、蕾丝等。但凡浪漫型男生扮女人还都挺像那么回事的。浪漫型男生衣服的面料一定要好，质地细腻，越显高档越好。精致的呢料和丝绒是浪漫型人首选的风衣材质。他们最适合穿花哨的服装，但要求质地细密有华丽感，还可以留略长一点的发型，回避不修饰、破烂、古板、过于生硬的感觉。

时尚型

特征：有特点、有个性、时尚、别致、灵动。

时尚型男士显得更锐利更具潮感。都是穿正装，时尚型男士的着装细节会很有直线感。比如锐利的领型，刻意收窄的腰身，总之时尚型男士要回避温润感，和浪漫型正好相反。小背心是经典的时尚型打扮。酷应该是时尚型男士最出彩的打扮了。光泽感极强的皮衣，有造型感的眼镜，直立的头发，总之，不走平常路线是时尚型人穿衣的王道，越中规中矩越没法看。

自然型

特征：潇洒、亲切、随和、健康、有朝气。

自然型男士往往男子气概很足，因为他们集中了男性最原始的粗犷特质。穿普通运动服就会有光彩的人，大多会有自然型风格的倾向。海魂衫回力鞋的打扮，多半属于自然型和时尚型风格的男士。犀利哥风格的头部感觉只有自然型男士才能让你没有邋遢感。胡子拉碴、头发随意、西装随意而不显质感，这都是自然型男士的对路装扮，如果能把衬衣拿出来就更到位了。穿着上适合比较宽松随意的，不会特别挑面料，不太华丽的都可以，回避小气、刻板、夸张、做作的东西。

服装有自己的特色风格，每个人也都有自己的穿衣风格，只有清楚了解自己的着装风格，才能找到最适合自己的穿衣打扮，只有这样才能最省钱、最快捷、最准确地让自己的衣橱实现"零失误"，让自己每天的形象都接近完美！

第 6 章

美学营销

　　每个人的性格、职业、喜好、年龄都不一样，我们在推荐的时候不能只考虑单方面的视觉效果，更应该综合考虑其他因素，打造独具个性的形象展示。

AESTHETIC
MARKETING

AESTHETIC MARKETING

美学营销

当下，我们开始尊重所有人的价值观，
大家越来越像个体的人，不是简单的像个机器人，
人的价值观得到更全面的体现

衣橱整理

▌衣橱整理的前期准备

衣橱就像是一个人的形象，从衣橱就可以看出它的主人的审美取向，价值观和品牌偏好，甚至可以告诉别人衣橱主人操持家务的风格。

管理衣橱即是管理生活，你的衣橱如果井井有条、干净整齐，那么你管理生活的能力也差不到哪去。

　　但大多数中国人对衣物的处理，有时候就很像对感情的处理方式，那就是不去处理；不处理的衣物就像是不处理的感情，随着时间的推移，会出现各种各样的问题。

　　比如说：从来不去整理的爆满型衣橱，通常会让主人对于买新衣服而产生罪恶感，因为本身已经有很多衣服，甚至有些不合适的买来吊牌还没有拆就成压箱底的货了，后面又重复犯错，周而复始。要不就是缺什么有什么一片混乱，想起能穿的却找不到在哪。

　　只有做过衣橱整理，你才不会再往衣橱里添加同类收藏，因为你会很清楚地意识到，哪些是会被清理掉的，当你的衣橱未被清理时，你就会不自觉地重复犯同样的错误，就像是每年没有经过体检，你就不知道自己的身体出现了什么问题，就永远不会去注意，犯着同样的错误。

▌衣橱整理几大类病症

1. 掩盖缺陷

很多人喜欢死盯着自己的"缺陷"不放，这就是造成女性衣橱构造出错的一个重症；我解释一下这个所谓的"缺陷"，这是很多女性对自己身材的一些细微的不满意而去放大，或者说，朋友同事的一句调侃，家人的一句玩笑"你胳膊太粗了，小腿不够细，你脸太大了"， 这些都是女性最想来掩盖的"缺陷"，而用来掩盖"缺陷"的衣服，不一定是适合她的衣服。

2. 自我局限

通常这类型的人，被约束在一个特性之中，不愿意去扩大自己的审美视野和提升穿衣境界，比如总是买同一类型、同一款式或者同一颜色的服装，其实这是大家都容易犯的一个错误。

3. 百变女郎

衣橱里各式各样风格的衣服都有，什么流行买什么。这种类型是很多自身条件不错，又懂时尚的女性容易出现的情况。到最后，她们自己就会感到不堪重负，自己也不清楚到底该往哪个方向去走。

在明白整理衣橱的重要性后，很多人开始重视它的作用了，在整理之前，我们先准备下面几样东西：
（1）照相机　　（2）笔、夹子　　（3）陪同购物清单表
（4）衣橱诊断报告表　　（5）白色布单　　（6）简易配饰

服装的分类分季

步骤一　服装类型处理

　　把服装按照类型分好，如裤子一类、衬衫一类、内搭一类、裙子一类等，不要按照色彩来分类，比如一个红色里面既有裤子又有上衣，最后你自己都分不清楚，在整理过程中把很少能穿的或是非常不适合客户的，再昂贵的都要将它放入纸箱或是送人，要么就狠心放弃。

步骤二　服装分季

把客户当季的服装都分出来。

1. 重复再搭配

　　将挑选出的衣服再进行重复搭配，一款多搭，将变化出无数的美丽，多种款式的上衣、裙子、裤子的相互搭配或搭配不同的外套或单品，你将会有许多惊喜，颜色不太适合但款式适合的衣服可以用其他颜色的单品或饰品来搭配，也会出现不错的效果。颜色适合但款式不适合的衣服放弃使用。买衣服时一定要购买现在合体的衣服。

2. 拍照存档

在搭配出一整套服装之后，把这套服装适合的鞋子、包包饰品都摆好，（摆放的方式可以参考杂志和淘宝旺铺，都会给人视觉很美的画面，这样给客户想穿的欲望）最后要给客户拍照存档，（拍照的方式可以客户自己试穿效果进行拍摄，也可以平铺摆放拍摄，还可以挂拍，根据客户家里情况而定）存档按照休闲、职业、社交三大类来分档。

▎服装的陈列

1. 衣橱陈列

在服装都搭配整理存档之后，把服装回归原位，这个时候最考验的就是叠衣服，我们如果把服装叠放的和专卖店的一样整齐漂亮是我们专业度的一种体现。

2. 服装分色排列

衣橱的排列放置：先按照衣服的类型分别挂好，然后按照颜色深浅排序，衣服宜精不宜多，尽量能够让自己对衣橱中所有的衣物一目了然，衣橱要适时地调整更新，保证衣橱八分满便可以，千万不可爆满拥挤，已挑选好的衣服如果有破损要及时修补并烫平挂好，做到有备无患。

衣橱整理小技巧

整理衣橱的必要装备

（1）可收纳暂时不穿的衣服的整理箱。

（2）可收纳衣服的制衣薄袋。

（3）衣架若干。

（4）可收纳首饰的首饰盒。

1. 学习折叠衣物

衣物折叠的方法：服装的形态要想保持长久不变，正确的折叠方法至关重要，如果你不会折叠，再好的衣物你都会损伤无度，日常生活中的一些折叠小技巧很重要。

（1）T恤的叠法：要以胸前的花色和领口的式样来区分，在收纳时要以看到花色和领口为宜，应从肩处向内折叠衣袖，并根据抽屉的大小调整宽度，一般为抽屉的 1/3 或 1/4 为宜，再翻折其底部便可。

（2）针织衫的叠法：针织衫因为质地较薄，因此在将其按 T 恤的叠法叠好后，再将其卷起来放进抽屉里，这样就不会被压皱了。

（3）文胸的叠法：将系扣两侧叠好，不可折叠罩杯，每件罩杯相叠整齐放平，横放或竖放进抽屉中就可以了。

（4）内裤的叠法：将内裤对折，卷成筒状竖着放进抽屉里。

（5）袜子的叠法：将连裤袜的两袜筒对折叠好，再从袜尖向上慢慢卷起直至袜口，并用袜口将卷好的包裹起来，如是短袜，将短袜平整对折，留个袜边反卷包裹起来便可。

2. 衣物的收纳方法

漂亮的服装，在裁制、颜色和款式方面往往是丰富多彩的，再大的衣橱都会被我们塞得满满的，要使凌乱的衣橱变得整齐，并不只是挂好这么简单，衣服收纳的常识也是多种多样的，下面是一些收纳方法。

（1）收纳衣服的重点：

首先要掌握不同材质衣服的收纳特性与收纳前的洗涤与保养重点，再根据不同衣服的色彩、款式、季节、场合等进行收纳，合理利用空间摆放衣物，可以让我们对自己的收纳一目了然。

（2）收纳羊毛织物：

羊毛衫在换季收纳时，应洗涤干净，并在阳光下晾晒后再收纳，因为羊绒纤维是高蛋白合成物，沾有汗渍后极易腐蚀或被虫蛀，所以收纳时要平铺入箱，再放入防潮剂就可以了。

（3）收纳化纤衣服：

合成化纤服装不怕虫蛀，但收纳前必须洗净晾干，不然由于汗渍存留，易导致变色，不可将化纤衣服久挂在衣架上，以免变形走样。

（4）收纳丝绸衣物：

丝绸衣物收纳之前需清洗干净，彻底晾干，用白布或塑料袋包装好。

3. 挂衣区的收纳

在冬天，外套、大衣这些大件衣物齐齐登场，而相较于夏衣的轻薄短小，冬衣显得庞大，所以在收纳的时候，才收拾了几件，衣柜就挂满了，那如何节省空间还真是让人伤透脑筋。

解决方式：我们一般可采用配套挂衣法：外套和毛衣或裙子搭配悬挂，既可节约空间，也可节省搭配时间，但必须安装一款承重力好的衣通。在挂衣服时，男女衣服也可分出男左女右的挂放区域，这样的安排，让衣柜内部更整洁，衣服也一目了然，更重要的是，两个人都可以找到自己储存衣服的独立空间。在西服收纳时必须要用一个材质优良的西服收纳袋，除了防尘、防潮和防霉外，它还能让西装保持平整，同时让衣柜内变得整齐有序。如果家里西裤多的话，尽量在衣柜内部再增设一个裤架，它可以让衣柜内分区更清晰明了。

4. 皮带的收纳

其实很多人收纳皮带的方式是将它们放在挂钩或者衣架上，这样做很容易在取用时将其他领带、皮带碰落。

解决方式：我们不妨将皮带从头到尾卷起来，然后用橡皮筋扎住，一卷卷依次放入格子抽屉中，这样不仅可以避免皮带的金属扣磨损，拿取时也一目了然。

5. 换季衣物和床品的收纳

解决方式：对于一些被单、枕巾、小枕头或毯子可以放置在拉篮中，篮筐式的设计还能让床品保持透气通风状态，不易发霉。对于放在衣柜偏高位置搁架上的床品和换季衣服，常常因为抽取，导致一叠原本整齐的衣物瞬间凌乱，较好的方法是在搁架里放置大小基本相同的储物盒，在储物盒上贴上标签，在拿取时，只需将盒子拿下，然后再挑选所需衣物，这样的话既便利又能保持衣物的整齐状态，也是一个讨巧的方法。

作为一个衣橱整理师必须要具备哪些技能呢？

1. 衣橱整理师必须具备识别人的能力，必须清晰地根据顾客的肤色、发色、瞳孔色判断出他应该穿什么颜色，必须根据顾客的身高体形，判断出他应该穿什么样的服装款式、面料、图案。

2. 衣橱整理师必须具备对当季流行趋势的一个把控，把顾客的时尚单品与百搭单品组合搭配。

3. 衣橱整理师、高级收纳师必须具备衣橱空间利用，房间空间规划，合理地运用收纳箱和收纳盒，以使顾客的衣橱干净、整齐、美观，取放搭配方便，物品与人与空间的情感融入。

陪同购物

　　无论男女都有他与生俱来适合穿着的色彩与风格的服饰，这完全与他个体的长相与气质相关，如果通过科学的形象设计了解到自己的特征，扬长避短，穿出正确、和谐的自我，便可以展现出其独有的魅力。不会买衣服，我们可以找专业的陪同购物师陪我们购买适合我们的服装。

▌陪同购物的流程

第一步，建立信任基础

无论是目的性的商务谈判还是日常的客户拜访，让客户信任我们，是开展一切工作的前提。有了信任，才有信息的接收，才可能达成交易。

专业性是我们建立信任的第一步，这种专业既体现在我们的外在形象上，也体现在专业交谈中，客户会对我们的产品和服务产生诸多的疑问，但我们面对这些问题时，如果不能表现出一定的专业水平，甚至连产品的基本信息都说不清楚，客户又怎么会产生信任感？因此，我们要足够专业，掌握好所有资源信息，让顾客相信我们是这个行业的行家。

第二步，在陪购之前与客户做沟通

让助理打电话给客户确认时间、地点，以及客户来的路线，是开车还是地铁、打车、坐公交，要是客户有不清楚路线的地方，这个时候需要我们工作人员把详细的路线图发给客户。另外提醒客户，陪购当天穿舒服的平底鞋，逛街的时间长，如果爱美的客户穿的是高跟鞋，时间一长，脚就受不了，直接影响陪购。

此外客户信息收集也十分重要，

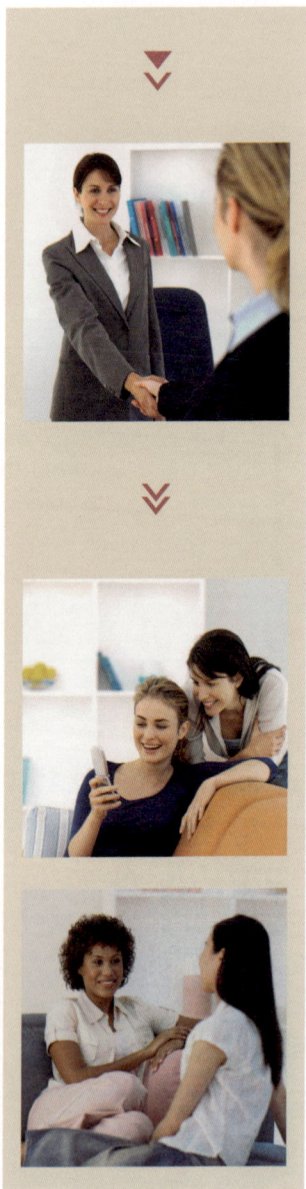

我们可以根据前面收集的客户信息以及从衣橱整理中得出的陪购清单，进行陪购的规划。

第三步，市场调查

在陪购之前要彻底了解所在地区的商圈，以便根据不同客户的需求选择陪购不同的陪购地点。

市场调查的内容：1.商场的商品所适合的年龄阶段；2.商场有哪些常见的品牌；3.商场的综合价位和每个商场的特点；4.商场周围的生活设施，例如，停车场、地铁口、餐饮、卫生间，越详细越好。

第四步，逛商场的顺序

陪购不是陪逛，也不是想逛哪里逛哪里，陪购是要经过非常严谨的规划，在有限的时间内帮客户精准地买到所需要的服饰。逛商场的顺序从上到下，进入商场，先电梯到顶层，再往下逛，原因是商场的服装一般是在上面几层，化妆品、包包、鞋子在一楼，我们买东西都是先买主要的商品，比如先买衣服，然后再配鞋子，没有先买一双鞋子，然后配一身衣服的。

先选合适的衣服，后买单。我们通常在买衣服的时候会给客户挑选到很多合适的，这个时候客户不一定是要每一件都买回去，所以只需要把合

适的衣服开好票据就可以了，最后一个商场逛完了之后，再在合适的衣服里面挑选需要的，再去买单就好了，要是一开始买了，最后发现还有更合适的话，有的商场是不退换的，我们在之前要多做功课，避免不必要的麻烦，但这极其考验设计师的记忆力。

陪购的小技巧

1. 陪购中会出现服装不出彩，总觉得少了点什么的情况，这个时候我们可以自己准备一些小饰品带上，商场往往没有那么合适的配饰，如丝巾、小吊坠、胸针等。这样在客户试衣服的时候，你把适合她的配饰稍微一戴，起到画龙点睛的作用，协助我们提高成功率。

2. 提示客户穿上比较好脱换的衣服，打底的衣服最好，这样方便试衣。

3. 客户画淡妆出来，原因也是在试衣服的时候容易出效果。

▌了解客户需求

　　现在这个美学的阶段，我们开始尊重所有人的价值观，大家越来越像个体的人，不是简单的像个机器人，人的价值观得到更全面的体现。你的客户有哪些分类，你是怎样类型的人，这是心理的问题，需要心理分析：

　　每个人都穿衣服，衣服与人的知识教养一样（穿衣服体验修养、身份），都在显示着人们的心灵思想。穿衣服就像说话一样，有人说的总是粗话、俗语。有的是东北方言，有的是四川辣子。我们要清楚自己面临的是什么类型的客户。

　　第一，要有问的意识；第二，要懂得问的技巧。

　　我有一个朋友，告诉我这么一件事：她婆婆去市场里买杏，相邻的两个摊贩是这么招揽生意的：第一个说，大妈您买什么？在得知要买杏子后，就迫不及待地说，我的杏子又大又圆，说着就要给称上放，她婆婆摇摇头走了。第二家也是一样的开场白，但是在得知了老太太想买杏之后，接着问您想买什么样的杏子，老太太说："我儿媳妇怀孕了想吃酸的。"于是这个卖家介绍说，我这儿有两种杏，一种又大又甜，另一种酸甜可口，老太太明显动心了。店主又说，吃杏好呀，对孩子好，生下来的孩子保证白白胖胖的。您可真有福气——这位卖杏的大姐就深谙美学营销专业连带四部曲，问到顾客的真实需求，结合客观需求，迅速找到卖点。对应对方需求产品才是针对他的而不是只想卖出自己的货品。

询问客户是为什么场合购买衣服。

询问客户的色彩偏好——当然，有时候我们发现顾客的心理偏好色彩跟她适合的服饰色彩并不一致，这个时候要根据顾客的类型，决定从多大程度上尊重她的偏好，既不能盲目完全服从，也不能完全置之不理。

询问客户对风格的偏好，个性的，夸张的，优雅的，活泼的。

询问客户需要哪种品类的服装。

问需求的注意事项：

一般来说导购都不愿意违背顾客的意愿，将真正适合客户的衣服推荐给她，因为她们怕得罪客人。其实这要分情况来看，如果客户的偏好非常明显，而且是很强势的，喜欢就拿走，我们要重点说服的是那种没有准确态度，以及虽然有偏好，但是拿了她所偏好的试穿之后明显效果不好的，这时候我们可以在为顾客保留部分偏好的前提下，提供更符合顾客风格的东西。

为了更好地挖掘（准）客户的深层次的需求，我们有必要先了解以下概念：

需求分类：表面需求和潜在需求。比如女性购买化妆品，表面需求是为了增白、去痘等，潜在需求是为让自己更美丽，如果挖掘好这个需求，我们将会选择更适合她的产品。

同时客户产生抗拒的心理也不同，拒绝分类：自我保护式拒绝和真实拒绝。客户接触我们的第一反应可能是一种保护自己免被伤害的拒绝，这种拒绝通常可以在很短的时间内化解，如果确定是一种真实的拒绝，比如因客户没有购买能力，就应该根据她的实际情况做安排。

挖掘需求的流程：

1. 调查——调查工作一般都是事前开始，运用各种工具，或用各种关系、采用各种方法具体详细地掌握客户的静态和动态信息。注：可充分使用公司已有的客户档案和相关资料。

2. 分析——分析研究所得既定资料和信息，注意分析的是客户需求的类型、规格、数量等具体性的因素。

3. 沟通——事前要设计好相关的沟通内容、沟通方式和引导客户的具体问题、手段等。

4. 试探——主要的工作是要大胆地讲出来你为客户形成的定义，试探你对客户的分析和沟通结果是否充分掌握。

5. 重复——无论客户对于试探性的总结认同与否，我们都要重复客户自己的回答。这是表明对客户的尊重，更是强化客户的需求。

6. 确定——当你有充分的认识，已经基本克服了前述环节的障碍时，请大胆、无疑地确定下来，明确地告诉我们的客户"你现在所要的就是……"

7. 展示——清晰的定义需要有清晰的认识，尤其是视觉化的形象出现。所以，客户在得到了自己需求的确认后，展示我们的服务就成了顺理成章的步骤。

8. 等待——耐心同样是一件重要的事情。客户决策是需要时间的，我们可以刺激、鼓励，但是也要耐心地等待客户来承认自己的需要确实如此。

此外，客户的需求跟实际情况往往会有一些差距。我们在利用自己的专业知识，挖掘出对方真实需求的同时，也要给出对方合适的建议，将理想化追求跟实际条件做一个平衡。

每个客户的性格、职业、喜好、年龄都不一样，我们在推荐的时候不能只考虑单方面的视觉效果，更应该综合考虑其他因素，打造独具个性的形象展示。

▍市场调研

陪 购 报 告

客户姓名		购物地点		购物时间		
品种	品牌	数量	金额	尺码	颜色	备注
合计						

顾问签字:

完成时间:

▍美学营销全流程

Step 1　沟通

Step 2　风格诊断

Step 3　衣橱整理

Step 4　陪同购物

Step 5　售后服务

常见的七大服装价值观

1. 理论价值观

喜欢较真，喜欢探究事物的原理，喜欢知性的风格，内敛的颜色，舒适的面料。特别喜欢问一些探求事物本质的问题，比如说喜欢穿知性的风格，颜色不张扬、面料喜欢自然纤维如棉、麻、丝。

2. 宗教价值观

搭配中留有宗教装饰的痕迹。

3. 社会价值观

大家穿什么我就穿什么，我一定要表现出我是融入团队中的，比如今年流行什么，我不管自己穿得好不好看，都会选择它。还有一种是什么都不敢穿，因为大家都没有穿，最大的特点是顺从。

4. 政治价值观

这种类型社会职位比较高的人体现得比较多。衣着一定要体现他的社会地位。

5. 经济价值观

追求服饰的实用性和性价比。买衣服特别注重性价比，老是要求打折。特别希望一件衣服可以穿完一生，可以在任何场合穿。

6. 审美价值观

追求服饰的和谐：穿着好看。这类人最容易受到海报的吸引。这类人唯一的目的是穿着好看，最易受到广告的影响。

7. 探索价值观

追求个性的、实验性。设计师中比较多。就像江南布衣、例外的风格，研究服装未来的问题，是不是要有两个袖子，是不是可以有十种穿法，是不是可以像麻袋一样？

当然人的价值观会有一种倾向性，有可能是两种价值观的融合。